GESCHICHTE

DER

NIEDERLÄNDISCHEN LITERATUR

VON

JAN TE WINKEL.

ZWEITE VERBESSERTE UND VERMEHRTE AUFLAGE.

Sonderabdruck aus der zweiten Auflage von Pauls Grundriss der germanischen Philologie.

STRASSBURG.
KARL J. TRÜBNER.
1902.

M. DuMont-Schauberg, Strassburg.

INHALT.

Seite.

I. EINLEITUNG . . . . 1—5

Anfang der niederl. Literatur (§ 1) 1. Niederl. Sagenstoffe (§ 2) 2. Einfluss der französischen Literatur (§ 3) 4.

II. DER RITTERROMAN . . . . 5—15

Klassische Ritterromane (§ 4) 5. Fränkische Ritterromane (§ 5) 7. Brittische Ritterromane (§ 6) 9. Orientalische Ritterromane (§ 7) 12.

III. MORALISCHE UND GEISTLICHE ERZÄHLUNGEN . . . . . . 15—19

Die Tiergedichte (§ 8) 15. Der Reinaert (§ 9) 16. Geistliche Erzählungen (§ 10) 17.

IV. JACOB VAN MAERLANT . . . . 19—22

Bedeutung der Maerlant'schen Dichtung (§ 11) 19. Jugendwerke (§ 12) 19. Erste strophische Gedichte (§ 13) 20. Didaktische Werke (§ 14) 21. Letzte strophische Gedichte (§ 15) 22.

V. DIE LYRIK DES 12. BIS 14. JAHRHUNDERTS . . . . 22—25

Die Lyrik des 12. Jahrhunderts. Veldeke (§ 16) 22. Die Lyrik des 13. Jahrhunderts. Jan van Brabant (§ 17) 23. Die Lyrik des 14. Jahrhunderts (§ 18) 24.

VI. DIE DIDAKTIK DES 13. UND 14. JAHRHUNDERTS . . . . . . 25—32

Reimchroniken, Velthem. Heelu. Stoke (§ 19) 25. Maerlant's Schule. Jan Boendale (§ 20) 27. Übrige Schüler Maerlant's (§ 21) 28. Boerden und Sproken (§ 22) 30. Dirc Potter (§ 23) 32.

VII. DIE MITTELALTERLICHE PROSA . . . . 32—39

Erbauliche und moralisierende Prosa (§ 24) 32. Evangelien- und Bibelübersetzung (§ 25) 36. Erbauliche Erzählung (§ 26) 37.

VIII. DIE MITTELALTERLICHE SCHAUBÜHNE . . . . 39—42

Die weltliche Bühne (§ 27) 39. Die geistliche Bühne (§ 28) 41.

IX. DIE RHETORIKER . . . . 42—47

Die Rhetorikerkammern (§ 29) 42. Die Dichtwettkämpfe der Rhetoriker (§ 30) 45.

X. DIE SCHAUBÜHNE DER RHETORIKER. . . . . 47—57

Schauspiele und Schauspieldichter (§ 31) 47. Cornelis Everaert (§ 32) 54. Matthijs de Castelein (§ 33) 55.

XI. DIE LYRIK DES 15. UND 16. JAHRHUNDERTS . . . . 57—66

Die Lyrik der Rhetoriker (§ 34) 57. Volkslieder und Reiterlieder (§ 35) 58. Die geistlichen Lieder (§ 36) 63.

XII. DIE PROSA DES 15. UND 16. JAHRHUNDERTS . . . . 66—77

Geschichtsbücher (§ 37) 66. Reisebücher (§ 38) 68. Romantische Erzählung. Volksbücher (§ 39) 70.

XIII. DIE REFORMATIONSLITERATUR . . . . 77—89

Die ersten Freunde und Feinde der Reformation (§ 40) 77. Anna Bijns (§ 41) 79. Religiöse Streitgedichte (§ 42) 80. Philips van Marnix (§ 43) 85. Die religiöse Reformationslyrik (§ 44) 86.

XIV. DER EINFLUSS DES HUMANISMUS . . . . 89—102

Die Humanisten (§ 45) 89. Übersetzer und Nachahmer der Klassiker (§ 46) 91. Jan van der Noot (§ 47) 92. Jan Baptista Houwaert (§ 48) 93. Die Emblematadichter (§ 49) 96. Karel van Mander (§. 50) 98. Dirck Volkertsz Coornhert (§ 51) 100.

NIEDERLÄNDISCHE LITERATUR

VON

JAN TE WINKEL.

Hauptwerke: W. J. A. Jonckbloet, *Geschiedenis der middennederl. Dichtkunst*, Amst. 1851—54. III B.; *Geschiedenis der Nederl. Letterkunde* 3. Aufl. I. II Gron. 1884—85, 4. Aufl. bearbeitet von C. Honigh, I. II. 1888—89, deutsche Übersetzung der 1. Aufl. von Wilh. Berg (Frau Lina Schneider) I Leipzig 1870; C. A. Serrure, *Letterkundige Geschiedenis van Vlaanderen*, I Gent 1872; J. Stecher, *Histoire de la littérature néerlandaise en Belgique*, Bruxelles 1887; Jan te Winkel, *Geschiedenis der Nederlandsche Letterkunde* I Haarlem 1887; G. Kalff, *Geschied. der Nederl. Letterkunde in de 16 eeuw*, Leiden 1889—90; Jan ten Brink, *Geschiedenis der Nederlandsche Letterkunde*, Amst. 1895. Weitere Lit. bei L. D. Petit, *Bibliographie der Mnl. Taal- en Letterkunde*, Leiden 1888.

I. EINLEITUNG.

§ 1. Anfang der niederl. Literatur. Von einer niederl. Literatur kann eigentlich erst die Rede sein, nachdem sich eine von den anderen niederdeutschen Mundarten kenntlich verschiedene niederländische Schriftsprache gebildet und genügende Autorität gewonnen hat, um allmählich die Herrschaft zu erringen in allen Gauen, welche jetzt das Königreich Niederland und den niederdeutsch redenden Teil Belgiens ausmachen. Wenn wir aber keinen zu grossen Wert legen auf die dialektischen Eigenheiten der ältesten niederl. Schriftsteller, so sind wir berechtigt zu sagen: mit dem ersten Versuch, den ein Niederländer machte, seine poetischen Gedanken nicht mehr lateinisch, sondern in seiner Muttersprache niederzuschreiben, that er zugleich den ersten Schritt auf der langen Bahn, welche die niederl. Literatur von dieser Zeit an weiter verfolgte. Demzufolge dürfen wir Heinric van Veldeke den ersten niederl. Schriftsteller nennen, seitdem es erwiesen,[1] dass er nicht nur Niederländer (Limburger) war, sondern auch seine Gedichte in der, zwar stark südlimburgisch-gefärbten, niederl. Sprache schrieb. Er lebte in der zweiten Hälfte des 12. Jahrhunderts: der Geschichtsschreiber der niederländischen Literatur hat also auch mit dieser Zeit seine Geschichte anzufangen.

[1] Vorzüglich von W. Braune, ZfdPh IV, 249—304.

Dass in Limburg um ebendieselbe Zeit noch andere Schriften in der Landessprache geschrieben sind, darf mit ziemlicher Gewissheit geschlossen werden aus der Erwähnung von *libri Teuthonici scripti* in einer Akte von 1202, vom päpstlichen Legaten Guido für das Bistum Lüttich aufgesetzt.[1] Dieselben sind aber nicht mehr erhalten, sogar nicht mit Namen bekannt, und die ersten, in Limburg verfassten Schriften, welche wir ausser Veldeke's Werken kennen, sind vielleicht nicht einmal dem 13. Jahrh. zuzuschreiben.

Zusammenhang der ältesten limburgischen Literatur mit der im 13. Jahrh. emporblühenden Literatur Flanderns und Brabants ist nicht nachzuweisen. Veldeke brachte den grösseren späteren Teil seines Lebens in Thüringen zu und war also für die Niederlande verloren. Seine *Eneide* war im 13. Jahrh. in Flandern bekannt, doch nur von Wenigen (s. § 4). Das literarische Bestreben der Flamländer und Brabanter scheint also selbständig ohne Anregung von Aussen sich entwickelt zu haben, um die Mitte des 13. Jahrhs., also ungefähr in derselben Zeit, als in den Regierungskanzleien das Latein von der Landessprache verdrängt wurde, und die Kanzleiclerken, aus der unteren «Clergie» emporgekommen, ihre Geübtheit in der neuen Schriftsprache auch durch poetische Erzeugnisse kund zu geben versuchten.

Die erste Urkunde in niederländischer Sprache, welche wir besitzen, ist der Ostflandrische *Schepenbrief van Bochoute* (1249).[2] Eine Urkunde der Abtei von St. Bavo datiert von 1252.[3] Von den «Scepenen van den vrien Brugschen Ambochte» und von den «Scepenen van Hulst» sind viele Urkunden erhalten, zwischen 1278 und 1297 abgefasst.[4] Die flämischen Grafen aber schrieben französisch (die Sprache des südlicheren Teils ihres Landes), seitdem Johanna in der ersten Hälfte des 13. Jahrhs. das Latein durch das Französische ersetzt hatte. Nur notgedrungen liessen sie ihre Urkunden seit dem Anfang des 14. Jahrhs. zum Teil auch niederländisch abfassen. Die erste brabantische Urkunde in niederländischer Sprache ist von 1275 (die «Waerhede van den Amman van Brussele»).[5] Urkunden von brabantischen Rittern folgten; die ersten herzoglichen Urkunden (von Johan I.) aber datieren nur von 1291 und 1292,[6] und nur seit 1297 wurde das Niederländische (unter Johan II.) von der brabantischen Kanzlei regelmässig gebraucht. Hingegen datiert die erste Urkunde eines holländischen Grafen (Wilhelm II.), die *Middelburgsche Keur,* schon von 1254,[7] und seit 1287 ist das Niederländische die einzige Kanzleisprache Hollands. Auch in den ältesten Rechnungen der Stadt Dordrecht von 1284—86, welche wir besitzen,[8] ist die niederländische Sprache gebraucht. In Gelderland, wo ausserdem niemals sich ein literarisches Leben zeigte, wurden die Urkunden erst seit 1326 regelmässig niederländisch abgefasst.[9]

§ 2. Niederl. Sagenstoff. Die niederl. Literatur ist nicht auf spontane Weise entstanden aus dem Drange des Volkes, die Vorstellungen

[1] Miraeus, *Opera Diplomatica* I, 564.
[2] C. A. Serrure, *Lett. Geschiedenis van Vlaanderen* I, 19.
[3] C. P. Serrure, *Cartulaire de Saint Bavon* 256, Nr. 29.
[4] C. P. Serrure, *Vaderlandsch Museum* I, 288—294, III, 433—435, V, 286—290.
[5] Willems' Ausgabe von *Heelu's Kroniek* 571. *Codex Diplomaticus* Nr. 212.
[6] Willems' Ausgabe der *Brab. Yeesten* I, 676, 679. *Cod. Dipl.* 73, 75 und von *Heelu's Kroniek* 541—548. *Cod. Dipl.* 183.
[7] Van den Bergh, *Oorkondenboek van Holland en Zeeland* I (Amst. 1866), 310—314, Nr. 590.
[8] Ausg. von Ch. M. Dozy, *De oudste stadsrekeningen van Dordrecht,* Utrecht 1891.
[9] Sloet, *Oorkondenboek der Graafschappen Gelre en Zutfen* II, s.-Grav. 1876.

seiner Einbildungskraft, die Gedanken seines Geistes oder die Empfindungen seines Herzens auszusprechen in der Versform, der einzigen Form der niederl. Schriftsprache während des ersten Jahrhunderts ihrer Geschichte. Ebensowenig entspross sie dem Verlangen, den Sagenstoff der Vergangenheit in einer dauerhafteren Form vor dem Untergang zu schützen. Die Niederlande sind sagenarm, wie es die ganze spätere Literatur beweist. Zweifelhaft ist es sogar, ob die im Norden und in Deutschland so kräftig entwickelte Siegfriedsage wohl jemals hier bekannt gewesen sei.

Wir besitzen freilich 144 Verse eines niederl. *Nibelungenliedes,* welche zum Teil Siegfrieds Bärenfang und sein Begräbnis erzählen,[1] es sind aber die dürftigen Reste einer ziemlich getreuen, wiewohl nicht sehr gelungenen Übersetzung der Vulgärredaktion des deutschen Epos, und sie beweisen also nicht, dass die Sage auch hier je im Umlauf gewesen ist.

Die Gudrunsage hat auf ihrer Reise vom Norden über England nach Deutschland zwar eine Zeit lang in den Niederlanden sich aufgehalten, wie daraus erhellt, dass sie im deutschen Kudrunliede lokalisiert ist in Wülpensand, einer Insel an der Scheldemündung, welche jetzt verschwunden ist und ihren Namen den *wulpen,* niederländischen Strandvögeln (nicht den *welpen,* jungen Seehunden, wie man gemeint hat) verdankt. Als die niederl. Literatur emporkam, war die Sage daselbst augenscheinlich schon völlig verschollen. Wenigstens ist keine Spur von Bekanntschaft mit ihr zu entdecken, ebensowenig wie mit der Beowulfsage, obgleich diese nicht nur den bekannten Zug des Dänenfürsten Hygelâc (Chochilaicus) in Friesland und gegen die Hetvären (Chattuarii) und Merowingischen Franken, nebst seiner Niederlage, 520, im Kampfe mit den fränkischen Königen Theoderik und Theodebert erwähnt,[2] sondern auch wirklich gelebt haben muss unter den friesischen Küstenbewohnern, deren nahe Verwandtschaft mit den Angelsachsen, welche uns die Sage in ihrem Epos überliefert haben, ja erwiesen ist.

Die deutsche Heldensage war also im 12. Jahrh. in den Niederlanden völlig erstorben; nur wissen wir, dass die Egmonder Mönche damals den *Waltharius* lasen, und dass Wittich's (nl. Wedege's) Pferd Scimminc und das Schwert Mimminc nebst Weilande, dem Schmiede, noch nicht ganz vergessen waren,[3] während der Heldensage die Namen Espriaen und Gernout angehören, welche sich finden in den sehr verstümmelten Bruchstücken der eigentümlichen, wahrscheinlich originalen, halb epischen, halb komischen Dichtung *Die Bere Wisselauw.*[4] Wäre das Gedicht, schon um 1287 von Maerlant als kinderische Lügendichtung erwähnt,[5] aus dem Mittelhochdeutschen oder Niederrheinischen übersetzt, — jede Andeutung aber fehlt uns bisher, und der französische Name eines Kochs, Brugigal, lässt ein französisches Original erwarten — so sollte man, Ton und Charakter wegen, meinen, es gehörte der deutschen Spielmannsdichtung an. Der Inhalt wenigstens scheint aus derselben Rothersage zu stammen, wie der *König Ruother* und hat unverkennbare Züge gemein mit der Vildifer-Vizleo-Episode der nordischen *Thidrekssaga* (c. 132—144, 181),

---

[1] Hrsg. von C. P. Serrure, *Vad. Museum* I, 27—33, G. Kalff, *Mnl. epische Fragmenten,* Gron. 1886, 1—8.

[2] Beowulf 1206—1215, 2355—2367, 2911—2922; vgl. Gregorius Turonensis, *Historia Francorum* III, 3.

[3] Vgl. Veldeke's *Eneide* 5729, *Limborch* IV, 1177, 1057 f.

[4] Hrsg. von C. P. Serrure, *Vad. Museum* II, 265—284; G. Kalff, *Mnl. ep. Fragm* 9—22; E. Martin, *Neue Fragmente* u. s. w., Strassburg 1889.

[5] Maerlant, *Spiegel Historiael* IV[1] 1 v. 46 und 29, v. 37.

wiewohl das Verhältnis der beiden Fassungen der Sage immer noch dunkel bleibt. Schon der Name des Bären, Wislau (offenbar eines Helden, der sich in einen Bären verwandeln kann), ist derselbe, wie der Name Vizleo, welchen Vildifer trägt, als er sich in einer Bärenhaut vermummt (ursprünglich wohl als er sich in einen Bären verwandelt hat). Isung, sein Führer in der Thidrekssaga, würde der Gernout der mittelniederländischen Dichtung sein. Sogar der Riese Aspilian fehlt nicht; er heisst aber Espriaen (ein Aspriaen findet sich ausserdem noch in dem *Roman der Lorreinen* II A 3333), ist aber mit dem Osantrix der Thidrekssaga zusammengefallen. Der niederländische Dichter hat Espriaen zum Gegner, Gernout zum Vasallen König Karls gemacht und also die Erzählung augenscheinlich in die Kreise der Karlromane eingerückt. In den uns bewahrt gebliebenen Fragmenten aber spielt Karl keine Rolle.

Die Meinung, dass wir in der Sage vom Schwanritter eine wahrhaft niederländische Sage von Bedeutung haben, kann jetzt schwerlich aufrecht erhalten werden, sei es auch, dass um die Wende des 12. und 13. Jahrhs. der Schwanritter als Ahnherr Gottfrieds von Bouillon auch in den Niederlanden genannt wurde und dass nicht nur die brabantischen Herzöge, sondern auch später andere adelige Geschlechter in den Niederlanden — vorzüglich Cleve und Arkel — sich der Abstammung von dem Schwanritter rühmten. Sowohl die Vermutung Pleyte's und Hoffory's, dass der Schwanritter ursprünglich der Licht- oder der Wolkengott Tius wäre, als die Sageerklärung Blöte's, der früher[1] (jetzt nicht mehr) in dem Schwanritter einen Batavischen und später Lothringischen [Loherengrîn], also echt niederländischen Gott nachgewiesen zu haben meinte, sind zu verwerfen. Viel eher darf man annehmen, dass der historische (also nicht mythische) Schwanritter der normannische Ritter Roger I. von Toëni war, der um 1040 starb, und dass die Sage, auch durch Verknüpfung mit dem uralten Märchen von den Kindern, die in Schwäne verwandelt werden können, Umbildung und Ausschmückung der Geschichte seiner abenteuerlichen Erlebnisse ist.[2] Als Grossvater von Godehilde, der Gemahlin Balduins von Boulogne, wurde er später mit Gottfried von Bouillon, dem Bruder Balduins, in Beziehung gesetzt, und auf diese Weise wurde er zum Ahnherrn der brabantischen Herzöge gemacht, und wurde die Sage von Helias oder vom Schwanritter die wunderbare Vorgeschichte zu der Lebensgeschichte Gottfrieds von Bouillon und zu der romantischen Einkleidung der Geschichte des ersten Kreuzzuges. Doch erhielt sogar diese ihre literäre Form zuerst im Französischen, woraus die niederländischen Gottfriedsromane übersetzt sind (s. § 7 und 26).

So war es auch mit anderen Sagen, welche, aus der Zeit der Merowinger[3] oder Karolinger herrührend, zum Teil auf niederländischem Boden selbst entstanden, z. B. der *Lorreinen* und der *Vier Heemskinderen*. Nordfranzosen oder französisch redende Belgier bearbeiteten sie zu Romanen, welche von niederländischen Dichtern übersetzt wurden. Es ist aber gar nicht erwiesen, dass das Publikum, für welches diese Gedichte verfasst wurden, wirklich darin seine nationalen Überlieferungen erkannte.

§ 3. Einfluss der französischen Literatur. Die ältesten niederländischen Dichter haben bloss geschrieben, um das von den Franzosen gegebene Vorbild nachzuahmen, und diese Nachahmung bestand anfangs

[1] J. F. D. Blöte, *De Gids* 1894, Nr. 10 und ZfdA 38, 272—288.
[2] J. F. D. Blöte, ZfdPh 21, 176—191, 25, 1—41, ZfdA 42, 1—53.
[3] G. Kurth, *Histoire poétique des Mérovingiens*, Paris 1893.

nur noch in Übersetzung. Es war dazu auch Veranlassung genug. Am brabantischen Hofe, vorzüglich unter Heinrich III., der auch selber franz. Lieder dichtete, lebten sehr viele franz. *Jongleurs* [Adenez li Rois u. s. w.]; und besonders am Hofe Flanderns, des einzigen niederl. Lehnstaates von Frankreich, dessen Grafen sogar Pairs von Frankreich waren, waren sie immer erwünschte Gäste, von Philipp vom Elsass an [1168 bis 1191] bis auf den Tod Guidos von Dampierre [1279—1304] und auch noch später. Bedenken wir nun, dass am Ende des 12. Jahrhs. diesen Dichtern sogar ein Chrestien de Troyes angehörte, so begreifen wir leicht, dass der Einfluss der franz. Poesie auf die niederl. ein ganz bedeutender sein musste.

Sogar auf die Versform wirkte sie ein. Wohl darf man vielleicht in den mnl. epischen Verszeilen von vier oder drei Hebungen, die gewöhnlich durch eine oder zwei Silben ohne Accent getrennt werden, eine Nachwirkung des Stabreimes sehen (zwar ohne eigentliche Alliteration), doch kann auch Anschliessung an die achtsilbigen franz. Verse kaum verkannt werden, zumal die Zeilen immer paarweise mit einander reimen, wie es auch in den neueren franz. Gedichten des Bénoit de St. More und des Chrestien de Troyes der Fall ist. Die ältere franz. Reimform, die *Tirade monorime,* war schon altmodisch geworden, als die niederl. Literatur erst im Entstehen war.

Die Niederländer fingen an den Franzosen zu folgen, als diese schon nicht mehr Volksdichter waren und nicht mehr aus der in den *cantilenae rusticae* fortlebenden Volksüberlieferung schöpften, sondern als sie ältere franz. Rittergedichte umarbeiteten, lateinische Chroniker zu Rate zogen, spätklassische Geschichtsbücher des trojanischen Krieges und der Kriegsthaten Alexanders übertrugen, oder mittels der *lais bretons* ihren Stoff dem brittischen Sagenkreise entlehnten. Daher kam es, dass in der niederl. Literatur die brittischen, klassischen und fränkischen Rittergedichte vom selben Alter sein konnten und dass bisweilen die Übersetzung einer ganz neumodischen Dichtung sogar um ein halbes Jahrhundert älter sein konnte, als die einer anderen, welche vom franz. Dichter viel früher verfasst war. Nur in den Namen *Jeesten (Res gestae, chansons de geste)* für die fränkischen und klassischen, und *Aventuren (contes d'aventures)* für die brittischen und orientalischen Rittergedichte findet sich eine leise Hindeutung auf die Zeit, worin sie in der franz. Sprache selbst verfasst wurden.

Von chronologischer Anordnung der niederl. Ritterromanliteratur kann also gar nicht die Rede sein. Man muss diese Dichtungen dem Stoffe nach in Gruppen einteilen, und nur dieses bemerken, dass den Übersetzungen etwas später halb ursprüngliche Nachbildungen folgten.

II. DER RITTERROMAN.

§ 4. Klassische Ritterromane. Der älteste mnl. Ritterroman behandelt den Stoff der *Aeneis,* wie dieser (wohl nicht von Bénoit de St. More) in dem *Roman d'Enéas* eingekleidet war in der Form der galanten höfischen Poesie des Mittelalters. Geschickt und geschmackvoll, z. B. durch lobenswerte Auslassung und Umstellung einiger Einzelheiten, jedoch mit einer gewissen, allen mnl. Dichtern eigenen Weitläufigkeit ist das franz. Gedicht vom limburgischen Edelmann Heinric van Veldeke im Maastrichter Dialekt umgedichtet unter dem Titel *Eneide* [ca. 13500 vv.[1]].

[1] Neueste Ausg. von Otto Behaghel, Heilbronn 1882.

Veldeke begann seine dichterische Laufbahn, indem er auf Veranlassung des Maastrichter Kanonikus Hessel die *Legende van St. Servaas* [Patron der Hauptkirche zu Maastricht] aus dem Lateinischen übersetzte und der Gräfin Agnes van Loon widmete [6228 vv.[1]]. Als er um 1175 seine schon zum grösseren Teil vollendete *Eneide* der Gräfin Margaretha von Cleve, damals Braut Ludwigs III. von Thüringen, geliehen hatte, wurde die Hs. ihm vom Grafen Heinrich [Raspe III.] entwendet, und erst neun Jahre später, als er im Dienste Ludwigs von Thüringen war, erhielt er dieselbe zurück und vollendete sein Gedicht. Im letzteren Teil erwähnt er den grossen Hoftag zu Mainz 1184, so dass man nicht ohne Recht dieses Jahr für das Jahr der Abfassung hält. Mittlerweile hatte Veldeke in Deutschland sich berühmt gemacht durch ca. 30 Liebeslieder, auf welche wir später zurückkommen (§ 16).

Ob diese Lieder auch in den Niederlanden bekannt gewesen sind, davon wissen wir nichts; die *Eneide* jedoch ist offenbar von Jacob van Maerlant gelesen, der auch ein von Segher Dengotgaf in der ersten Hälfte des 13. Jahrhs. angefangenes, aber nicht vollendetes Gedicht benutzt hat. Das Werk Seghers [1312 vv.] zerfällt in drei Teile: 1. *Het Prieel van Troyen:* galante Liebesgespräche im Garten Priams, wovon wir kein Original kennen, 2. *'t Paerlement van Troyen:* gegenseitige Aufforderung zum Kampfe von Hector und Achilles, teils ursprünglich, teils übersetzt aus dem *Roman de Troie* von Bénoit de St. More, aus welchem auch v. 13831—14472 von Segher übersetzt sind als 3. *Die sevenste Strijt.*

Die Verse Seghers sind von Maerlant mit aufgenommen, als er um 1264 den ganzen *Roman de Troie* unter dem Titel *Historie van Troyen* übersetzte, wobei die Verszahl auf 40880 stieg,[2] durch Einschaltung einer Übersetzung der *Achilleis* des Papinius Statius und grösserer Stücke der *Metamorphoses* und der *Aeneis.* Ohne die romantische Schilderung Benoits ganz zu berichtigen, hat Maerlant dadurch versucht, ein nach seiner Meinung treues Geschichtsbild des trojanischen Krieges und der Irrfahrten der griechischen und trojanischen Helden bis zur Gründung Roms in seinem Werke zu geben.

Ein anderes Gedicht, von Maerlant zwischen 1257 und 1260 der klassischen Welt entnommen, heisst *Alexanders Geesten* [ca. 15000 vv.[3]]. Es ist eine Übersetzung der *Alexandreis* Gauthiers de Chastillon, aber um vieles vermehrt durch Einschiebung eines ausführlichen geographischen Überblicks der ganzen Welt, der später auch in die *Historie van Troyen* von Maerlant mit aufgenommen ist, nebst einer Übersicht der biblischen Geschichte, der bekannten Freundschaftsgeschichte aus der *Disciplina Clericalis* und vielen längeren oder kürzeren Bemerkungen und Mitteilungen, welche Maerlant vermutlich schon in seinem glossierten Exemplar der *Alexandreis* vorfand, welche aber dem weiten Kreise von Fabel- und Wundererzählungen angehören, deren Hauptquelle der *Pseudo-Kallisthenes* war.

Diesem Fabelkreise ist auch der *Cassamus* entsprossen [1890 vv.[4]], ein im 14. Jahrh. mit Geschick gemachter Auszug von der, nur aus wenigen Fragmenten bekannten, ausführlicheren Übersetzung von *Les Vœux du Paon*

[1] Ausg. von J. H. Bormans, Maestricht 1858, und Paul Piper in *Höfische Epik* (Stuttgart o. J.) S. 81—241; für ältere Fragmente s. L. Scharpé, *Leuvensche Bijdragen* III, 5—22.

[2] *Episodes uit Maerlant's Historie van Troyen* (11071 vv.) sind von J. Verdam hrsg. Gron. 1874; eine Ausgabe des Ganzen gaben Nap. de Pauw und Edw. Gaillard, Gent 1889—1891, III T.

[3] Ausg. von F. A. Snellaert, Brüssel 1860—61, J. Franck, Gron. 1882.

[4] Ausg. von E. Verwijs, Gron. 1869.

ou le roman de Cassamus. Verdienstvoll ist vorzüglich der letzte Teil, der uns ein «Conincspel» und ein Schachspiel vor Augen führt.

Noch andere Alexanderromane waren Maerlant bekannt, sei es nur in französischer Sprache, sei es in einer niederländischen Übersetzung, nämlich *Li Romans d'Alixandre,* von Lambert li Tors und Alexandre de Bernay verfasst, und ein Gedicht «Van sconinx Alexanders Wrake», d. h. *La Vengeance de la mort d'Alissandre* von Guy de Cambrai und Jehan le Venelais.[1]

Von den Romanen, welche die römische Geschichte sagenhaft umbildeten, erwähnt Maerlant auch einen *Roman van Octaviaen,*[2] welcher jetzt im Niederländischen verloren ist, zu welchem aber vielleicht einige Fragmente (ca. 600 vv.) gehören,[3] die einige Episoden der römischen Geschichte, vorzüglich aus der Zeit Caesar's behandeln, und von welchen das Original noch nicht nachgewiesen ist.

§ 5. Fränkische Ritterromane. Französische Rittergedichte, in welchen fränkische Überlieferungen erzählt werden, sind in ziemlich grosser Anzahl übersetzt. Der Zufall aber hat uns nur eins der kürzesten vollständig aufbewahrt, nämlich den *Karel ende Elegast* [1414 vv.[4]]. Es ist die ziemlich komische Erzählung eines nächtlichen Raubzuges, den Karl der Grosse mit Widerwillen, aber auf das Geheiss eines Engels unternimmt und wodurch er in den Stand gesetzt wird, eine Verschwörung seines Schwagers Eggheric gegen ihn zu vereiteln und zugleich das Unrecht wieder gut zu machen, womit er vorher einen seiner treuesten Vasallen, Elegast, eines geringen Fehlers wegen verbannt und dadurch veranlasst hatte, Raubritter zu werden. Offenbar ist auch dieser Roman am Ende des 13. Jahrhs. aus dem Französischen übersetzt. Das Original jedoch ist noch nicht aufgefunden, weshalb wir es nicht nachweisen können, ob die kunstvolle, geistreiche Behandlung des Stoffes dem uns unbekannten Übertrager oder dem Dichter des Originals zu verdanken sei. Jedenfalls nimmt der niederl. Roman eine hervorragende Stellung ein im Vergleich mit den anderen Fassungen, welche uns von dieser teils historischen, teils mythischen, teils christlich-mirakulösen Überlieferung erhalten sind, nämlich dem mitteldeutschen *Karl und Elegast* aus dem 15. Jahrh., der die Geschichte in ein echtes wunderbares Zaubermärchen umgewandelt hat, und dem Anfang der viel älteren isländischen *Karlamagnus Saga* (kürzend auch bearbeitet in der dänischen *Karl Magnus Krönike*), welche offenbar aus einer ganz verschiedenen französischen Redaktion der Sage stammt, uns ausserdem skizzenhaft bekannt aus den beiden französischen Romanen *Renaus de Montauban* und *Le Restor du Paon,* wo Elegast den Namen Basins trägt und Eggheric den Namen Gerin.[5]

Von Turolds berühmten *Chanson de Roland* [in etwas jüngerer Bearbeitung] ist eine mnl. Übersetzung dagewesen. Es sind von diesem *Roelandsliede* jedoch nur Fragmente übrig geblieben [zusammen 1033 vv.[6]], welche fast den ganzen mittleren Teil, die Schilderung der Schlacht von Roncevaux enthalten.

[1] Maerlant, *Sp. Hist.* I[4], 56 V. 1—10, I[5], 1 V. 17 f. — [2] Maerlant, *Alexander* V 1215 f.

[3] Hrsg. von W. de Vreese, *Tijdschrift* XV 73—78 und Nap de Pauw, *Mnl. Gedichten en Fragmenten* (Gent 1893—1897) 530—549, 723—728.

[4] Ausg. von Hoffmann von Fallersleben, *Horae Belgicae* IV, Lipsiae 1836; W. J. A. Jonckbloet, Amst. 1859 und E. T. Kuiper, Amst. 1891; Vgl. noch J. Bergsma, *Bijdrage tot de tekstcritiek van den Karel ende Elegast.* Gron. 1890; eine halb mhd., halb niederrheinische Übersetzung des nl. Gedichts findet sich im grossen Sammelwerke *Karlmeinet* 575—606 der Ausg. von Adalbert von Keller.

[5] Jan te Winkel, *Tijdschrift* X 305—322.

[6] Ausg. von J. H. Bormans, Bruxelles 1864, G. Kalff, *Mnl. ep. Fr.* 33—98.

Aus dem Cyclus von *Guillaume d'Orange* scheint nur *Li Moniages* (in jüngerer Fassung) übertragen zu sein, wenigstens sind uns nur davon zwei kleine Fragmente erhalten [428 vv.[1]]. Der Übersetzer ist wohl der nämliche Clays van Haerlem «Ver Brechten Sone», dessen *Willem van Oringen* Maerlant [*Sp. Hist.* IV[1], 29, v. 41—76] der Form wegen preist, des Inhaltes wegen aber tadelt.

Viel bedeutender sind die grossen Fragmente des *Roman der Lorreinen* [15, zusammen ca. 10000 vv.[2]]. Darin wird mit grosser Breite in Einzelheiten die Geschichte der riesenhaften Blutvehde der Lothringer mit den Bordelosen erzählt, welche schon unter Pepin ihren Anfang nimmt, und erst mit Friedrich I. aufhört. Unsere Fragmente gehören nur zum geringeren Teil der ersten, im Französischen vollständig erhaltenen, Partie an. Die Mehrzahl aber gehört der zweiten, nur ein kleines der dritten Partie an, welche im Französischen noch nicht wieder aufgefunden sind.

Bedeutende Fragmente des *Renout van Montalbaen* [2007 vv.[3]] und einer Fortsetzung davon, *Madelghys* [2200 vv.[4]], scheinen noch aus dem 13. Jahrh. zu stammen, und aus dem 14. Jahrh. kürzere Fragmente eines *Ogier* [187 vv.[5]]. Zweimal sogar ist der *Aiol et Mirabel* übertragen.[6] Von einem, bis jetzt vollständig nur aus einem deutschen Volksbuche bekannten, Gedicht *Lohier ende Malart* sind mehrere Bruchstücke [800 vv.] nachgewiesen.[7] Zum Merowingischen Cyclus gehören zwei Fragmente einer noch nicht wieder aufgefundenen Fassung des *Floovant* [639 vv.[8]]. Ausserdem besitzen wir noch Fragmente eines *Aubri de Borgengoen* [351 vv.], *Geraert van Viane* [192 vv.], *Gwidekijn van Sassen* [199 vv.], *Jan van Lacviden* (?) [372 vv.[9]] und einer bis jetzt unbekannt gebliebenen Erzählung vom Herzog Florant von Lothringen, dem treuen Unterthanen Karls des Grossen, jetzt zu Grammont eingesperrt von Guelloen und von Karls Bastard, dem Zwerge Pepijn, der seine Tochter Berte mit zügelloser Leidenschaft verfolgt.[10] Alle diese Romane sind offenbar aus dem Französischen übersetzt, nicht aber aus den noch jetzt bewahrt gebliebenen Rittergedichten, welche von diesen Helden erzählen.

Von den niederl., aus dem Französischen übersetzten Romanen *Galie ende Morant* und *Karel ende Galie* bestehen nur niederrheinische Übersetzungen

---

[1] Ausg. von J. F. Willems, *Belg. Museum* VII 186—208; G. Kalff, *Mnl. ep. Fr.* 99—119.

[2] Ausg. von W. J. A. Jonckbloet, *Karel de Groote en zijne XII. Paris*, Leiden 1844, J. C. Matthes, Gron. 1876; M. de Vries, *Tijdschrift voor Ned taal en lett.* III 1—50; J. F. Willems, *Belg. Mus.* VII 441—450; das letzte unter dem unrichtigen Namen *Gaidoen*: vgl. Jan te Winkel, *Tijdschrift* IV 291—299 und G. Kalff, *Mnl. ep. Fr.* 120—137.

[3] Ausg. von J. C. Matthes, Gron. 1875; eine niederrheinische Übersetzung des ganzen Gedichts, um 1474 gemacht, gab F. Pfaff, Tübingen 1885, heraus.

[4] Ausg. v. J. Verdam, *TenLtb.* VI 113—147; eine neue, vollständigere Ausgabe von Nap. de Pauw erschien Gent 1889. Später sind noch wieder neue Bruchstücke mitgeteilt von W. de Vreese *Tijdschrift* XV 283—307; Schmidt-Wartenberg *The Journal of Germanic Philology*, I 239—246 und G. Huet, *Romania* XXVI 494—516.

[5] Ausg. von J. C. Matthes, *TenLtb.* VI 241—267. Vgl. H. E. Moltzer, *Tijdschrift* XI 245—256.

[6] 609 vv. der einen Übersetzung veröffentlichte J. Verdam zuerst hinter Foersters *Aiol* und später, mit noch 1200 vv. der zweiten Übersetzung, *Tijdschrift* II 209—287.

[7] Von Jan te Winkel, *Tijdschrift* IV 300—313; spätere Ausg. von G. Kalff, *Mnl. ep Fr.* 261—289 und *Tijdschrift* XII 241—250.

[8] Ausg. von K. Bartsch, *Germ.* IX 407—463 und G. Kalff, *Mnl. ep. Fr.* 180—203.

[9] Resp. hrsg. von L Ph. C. van den Bergh, *N. R. van W. v. d. Maatsch. der Ned. Lett.* VII[1] (1852) 120—141; W. Bilderdijk, *Taal- en Dichtk. Verscheidenheden* IV (1823) 126—133; J. H. Bormans, *Bulletin de la Comm. royale d'histoire de Brux.* XVI (1848) 262—268; Ph. Blommaert, *Annales du comité flamand de France* V (1860) 89—103; alle zusammen von G. Kalff, *Mnl. ep. Fr.* 138—179.

[10] Hrsg. von J. Verdam *Tijdschrift* XVI 294—305.

in dem *Karlmeinet.*[1] Einen ehemaligen Roman von *Koningin Sibille* kennen wir aus einem niederl. Volksbuch.[2] Schliesslich wird noch ein jetzt verlorener Roman von *Fierabras van Alisandre,* wovon die Erzählung des Kampfes bei Mautriple einen Teil ausmacht, erwähnt von Maerlant.[3]

§ 6. Brittische Ritterromane. Im Kreise der niederländischen Adeligen, welche im 13. und 14. Jahrh. sich bemühten, durch glänzende Festlichkeiten und Ritterspiele das Rittertum zur möglichst grossen Blüte zu bringen, fanden die brittischen Romane eine überaus günstige Aufnahme. Als Jacob van Maerlant noch am gebildeten Hofe der Herren von Voorne lebte, da wählte er sich deshalb zum Übersetzen den Doppelroman des Robert de Borron, dessen Prosa von ihm um 1261 umgedichtet wurde zur *Historie van den Grale* und zum *Merlijns Boeck* [10400 vv.], aber sein kritisches Verfahren bei der Bearbeitung, seine historischen Berichtigungen und lehrhaften Exkurse [z. B. ein ausführlicher Satansprozess: *Maskaroen*], verraten schon dieselbe Liebe zur Wahrheit und dieselbe Neigung zum Lehren, welche ihn später besonders kennzeichnen.[4] Eine ausführliche Fortsetzung seines Werkes gab Lodewijc van Velthem, 1326, in seinem *Boec van Coninc Artur,* einer getreuen Übersetzung des Prosabuches *Le livre du roi Artus* [25800 vv.[5]]

Velthem hatte bereits vor dieser Zeit eine grössere Anzahl übersetzter brittischer Romane gesammelt, in einer uns bewahrt gebliebenen Hs. mit der Einschrift *dat boeck dat heren Lodewijcs es van Velthem.*[6] Den Kern dieser Hs. bildet der zweite Teil des *Lancelot* nebst den Fortsetzungen *Graalqueste* und *Arturs Doot* (zusammen ca. 61000 vv.), nach der franz. Prosa [von W. Maps?]. Auch der erste Teil des *Lancelot* ist mittelniederländisch dagewesen, aber verloren bis auf zwei kurze Fragmente, von welchen das längere eine Episode bildet aus der Geschichte vom Ritter mit dem Karren.[7] Überdies finden sich in der Hs. noch sechs andere Romane: 1. der Roman von *Perchevael* [5500 vv.], eine Übersetzung von *Li Contes del Gral* von Chrestien de Troyes d. h. von dessen zweiter Hälfte, in welcher hauptsächlich die Abenteuer Waleweins erzählt werden. Es hat aber auch eine vollständige Übersetzung gegeben in einer noch nicht von Velthem verstümmelten Fassung, und davon sind uns drei Fragmente (920 vv.) erhalten;[8] 2. *Die Wrake van Ragisel* [6176 vv.], die Verstümmelung einer ausbreitenden Übersetzung von Raol's *Vengeance de Raguidel,* worin, schon im Französischen, vier zu der eigentlichen Geschichte nicht gehörige Episoden aufgenommen sind: *a*: das Abenteuer von Maurus und der Jungfrau von Galestroet, *b*: das Abenteuer von Walewein, Ydeine und den zwei Winden, *c*: eine Episode von gleichem Inhalt wie

---

[1] Ausg. von A. von Keller, Stuttg. 1859 I, 1—293, 38.

[2] s. Ferd. Wolf, *Über die beiden wieder aufgefundenen nl. Volksbücher von der Königin Sibille und Huon von Bordeaux,* Wien 1857.

[3] *Sp. Hist.* IV[1], 1 v. 48 ff. IV[1], 29 v. 7 ff. 21 ff. und Boendale, *Brab. Yeesten* II 1714 ff. 4126 f. 4140 f.

[4] Vgl. Jan te Winkel, *Tijdschrift* I 305—363.

[5] Sammt dem Gedichte Maerlants hrsg. von J. van Vloten unter dem unrichtigen Titel *Jacob van Maerlants Merlijn,* Leiden 1880—82; neue Fragmente sind hrsg. von J. Verdam, *Tijdschrift* XIX 65—84, 131.

[6] Die ganze Hs. ist hrsg. von W. J. A. Jonckbloet unter dem Titel *Roman van Lancelot,* 's-Grav. 1846—49. Fragmente einer zweiten Hs. hrsg. von Jan te Winkel, *Roman van Torec* XXXVIII—XLIII.

[7] Ausg. von C. P. Serrure, *Vad. Museum* IV 309—323 und M. de Vries, *Tijdschrift* III 59—65.

[8] Hrsg. von F. van Veerdeghem, *Bull. de l'Acad. royale de Belgique* 3 S XX 637—688, Jan te Winkel, *Tijdschrift* X 161—174, XIII 24—41.

der letzte Teil des Fabliaus *Do chevalier à l'espée* und *d:* das Fabliau *Du mantel mautallié*. Ausserdem findet sich in der niederländischen Übersetzung noch ein Excurs: «Hoe Walewein wilde weten vrouwengepens», der in der uns bekannten französischen Redaktion fehlt. Auch von diesem Roman haben wir in der Lancelothandschrift nur eine kürzende Fassung; von einem vollständigen *Wrake van Ragisel* aber sind grosse Fragmente (975 vv.) jetzt wiedergefunden;[1] 3. der Roman von *Walewein ende Keye* [3668 vv.], in welchem die beiden Ritter nicht ungeschickt einander gegenüber gestellt werden; 4. der Roman *Van den Ridder metter Mouwen* [4020 vv.], wahrscheinlich ein Originalgedicht, geschrieben unter dem Einfluss von Chrestien's *Erec* und *Chevalier au lyon*. Der Held, Miraudijs, ist ein Findling, dem es gelingt, nacheinander seine beiden Eltern aufzufinden und der noch dazu verschiedene Abenteuer besteht, aus Liebe zu Clarette, der Nichte Waleweins, die er auch heiratet; 5. der Roman von *Moriaen* [4704 vv.],[2] die Geschichte eines Mohren, welcher, um die Ehre seiner treulos verlassenen Mutter zu retten, seinen Vater Acglovael — in einer früheren, jetzt verlorenen Fassung des Romans offenbar Perchevael — aufzufinden sucht und dazu sich dem Lancelot und dem Walewein anschliesst, als auch diese auf Arturs Bitte ausgeritten sind, um Perchevael zu suchen. Auch dieser Roman ist wohl eine Originaldichtung, obgleich einige Episoden anderswo hergenommen sind. Der Dichter hat jedoch fremden und eigenen Stoff so kunstvoll zu einem Ganzen verbunden, dass der Roman unter den besseren Gedichten der mnl. Literatur eine Stelle beansprucht; 6. der Roman von *Torec* [in sehr verstümmelter Überlieferung doch noch 3840 vv.],[3] von Jacob van Maerlant nach dem *Merlijn* aus einem jetzt verlorenen franz. Original übersetzt.[4] Es ist eine sonderbare märchenhafte Dichtung, die abenteuerliche Geschichte Torec's (im brittischen bedeutet *twrch* Eber), der von einem in Elfengestalt herumschweifenden Oheim beschützt, eine grosse Irrfahrt unternimmt, um das seiner Grossmutter Mariole entwendete, Glück und Reichtum anbringende, Diadem aufzusuchen und zu erobern, es aber auf friedliche Weise bekommt, indem er die schöne Inhaberin desselben, Miraude, heiratet. Offenbar hat der Verfasser des Romans aus allerlei Dichtungen Motive geschöpft. Der Anfang hat grosse Ähnlichkeit mit dem Anfang des Schwanritterromans und mit dem *Roman de la Manekine* von Beaumanoir. Der Name von Torec's Kriegsgefährte «Melions de Orgelious» ist wohl dem Percevalcyclus entnommen (vgl. Melians de Lis und li orguellous de la lande); die «joncfrouwe van Montesclare» ist gewiss «la pucelle de Mont Esclaire» aus den Percevalromanen, und das Vorbild eines Cleas van den Briele, der mehrmals an einem Tage von seinem grausamen Feinde enthauptet wird, ohne zu sterben, ist ohne Zweifel der Zauberer Elyafre, welcher, im Percevalcyclus, sich einmal im Jahre von seinem Sohne Carados (der seinen Vater nicht kennt) das Haupt abschlagen lässt. Die Jungfrau Mabilie, welche Torec gefangen hält, um durch Zwang

---

[1] Hrsg. von Jan te Winkel, *Tijdschrift* XIII 116—129; H. E. Moltzer, *Verslagen en Mededeel. der Kon. Akad. van Wet.* Afd. Lett. 3 R. II 43 ff., *Tijdschrift* XIV 232—237 und J. Franck, *Tijdschrift* XIX 1—30.

[2] Ausg. von Jan te Winkel Gron. 1879; vgl. G. Paris, *Hist. litt. de la France* XXX (1888) 247—254.

[3] Ausg. von Jan te Winkel, Leiden 1875.

[4] Ein franz. «Torrez rimé, bien historié et escript» war 12. Nov. 1392 noch in Besitz der Königin Isabeau de Bavière, 1411 aber schon verschwunden; G. Paris, *Hist. litt. de la France* XXX 263—269.

seine Liebe zu gewinnen, ist offenbar eine Nachbildung der Fee Morgwein aus dem Lancelot. Ein Schiff, das sich selbst steuert, finden wir in mehreren mittelalterlichen Dichtungen (z. B. in *Die Wrake van Ragisel*): auch im *Torec* fehlt es nicht, und zu den merkwürdigsten Teilen des Romans gehört sogar die Episode: *hoe Torec int Scip van Aventure quam*, in welcher das Sittenverderbnis jener Zeit und die verschiedenen Liebesverhältnisse in einem Parlament besprochen werden.

Was die Fassung von Velthem's grossartiger Kompilation betrifft, ist es, wiewohl nicht festgestellt, doch sehr gut möglich, dass Velthem die Übersetzung des *Lancelot* nicht ganz unverstümmelt in seine Handschrift eingeschrieben, sondern sie auch kürzend bearbeitet hat. Dass er selbst der Übersetzer wäre, ist schwerlich glaublich zu machen, und m. E. höchst unwahrscheinlich. Ganz gewiss aber hat er die anderen Romane, welche er in seine Handschrift eintrug, kürzend überarbeitet. Die Mehrheit derselben scheint schon vorher gesammelt gewesen zu sein in einer Kompilation, welcher wir den Namen *Waleweinboeck* geben dürfen,[1] zumal auch Velthem selbst (*Merlijn* 24656) auf ein Gedicht oder Buch mit dem Namen *Gawein* hinweist. Von vieren der in die Lancelothandschrift interpolierten Romane ist Walewein der Held. Sogar enthält die Kompilation vom *Contes del Gral* nur die Waleweinabenteuer, indem die Geschichte Perchevaels im Ganzen ausgelassen ist. Der *Roman von Moriaen* wird aber nicht zum Waleweinbuche gehört haben, und wird erst später, entweder von Velthem oder einem Andern, in die Handschrift aufgenommen sein. Ebendasselbe ist von Maerlant's *Roman van Torec* anzunehmen. Velthem wird diese, wahrscheinlich sehr ausführliche, Jugendarbeit Maerlant's in der Bibliothek des Herrn von Voorne gefunden und sie, stark und ungeschickt kürzend, in seine Kompilation eingeschaltet haben, wie er auch that mit der Übersetzung kleinerer Fabliaus (z. B. *Lanc.* III, 22271—23126, eine Übersetzung von *Le lai de Tyolet*)[2] und mit einigen Kapiteln aus Maerlant's *Spiegel Historiael* (*Lanc.* IV, 9685—10121 = *Sp. Hist.* III[5], cap. 50—54), deren Inhalt von Gottfried von Monmouth herrührt.

Noch zwei Ritterromane, welche sich nicht in der grossen Lancelothschr. finden, gehören dem brittischen Kreise an: 1. der Roman von *Ferguut* [5589 vv.],[3] eine Übersetzung des *Roman de Fergus* von Guillaume li Clers, mit Geschick von einem unbekannten Dichter angefangen, aber von einem anderen nachlässig und übereilt vollendet, und 2. der Roman von *Walewein* [11100 vv.],[4] mutmasslich eine Originaldichtung, aber gewiss zum Teile aus kürzeren Erzählungen oder Romanen geschöpft von Penninc, der denselben anfing, und von Pieter Vostaert, der ihn vor 1350 vollendete. In diesem Gedichte unternimmt Walewein, Artur zu Willen, eine Irrfahrt, um das wunderbare Schachbrett zu gewinnen, das König Wonder besitzt. Er macht dadurch Bekanntschaft mit dem König Amorys, mit dem *Swaert metten tween Ringen*, mit dem in einen Fuchs verzauberten Prinzen Roges und mit Assantijn und dessen Tochter Isabelle, die er mit sich führt nach Arturs Hof.

---

[1] S. J. Franck, *Tijdschrift* XIX 30—51.

[2] S. G. Paris, *Romania* VII 568, VIII 45, IX 379, *Histoire litt. de la France* XXX 113—118.

[3] Ausg. v. E. Verwijs, Gron. 1882.

[4] Ausg. von W. J. A. Jonckbloet, Leiden 1846—49. Zwei Fragmente (384 vv.) einer anderen Hs. sind mitgeteilt von J. Verdam, *Verslagen en Mededeel. der Kon. Akad. van Wet.* Afd. Lett. 3 R. VIII 21 f. 29—32.

Ein Gedicht von *Madoc* und ein anderes von *Lenvale* sind uns bloss dem Namen nach bekannt. Auch der *Tristan* Chrestiens scheint übersetzt zu sein, ist aber, wie das Original, verloren. Alle diese Romane stammen aus der zweiten Hälfte des 13. Jahrhs. oder aus der ersten des 14. Jahrhs.

§ 7. Orientalische Ritterromane. Keine Erzählungen waren in den Niederlanden so beliebt, als diejenigen, welche aus dem Morgenlande herrührten oder sich auf die Kreuzzüge bezogen, an welchen die Fläminger so grossen Anteil genommen hatten. Einer der umfangreichsten orientalischen Romane, und einer der bekanntesten ist der *Partonopeus van Bloys*, der mit viel Talent und Geschmack wahrscheinlich um die Wende des 13. und 14. Jahrhs. aus dem Französischen übersetzt ist. Diese Übersetzung ist zwar nicht vollständig erhalten, doch können wir mit den 19 grossen Fragmenten (oder 8859 vv.), welche wir jetzt beisammen haben,[1] den weitaus grössten Teil des Romans herstellen und dem Übersetzer mit voller Gewissheit das ihm gebührende Lob spenden, auch wegen der Genauigkeit der Übertragung, die jetzt offenbar geworden ist, da man nicht mehr die von Crapelet herausgegebene französische Redaktion als das Original des niederländischen Textes betrachtet.[2]

Nicht weniger berühmt als der Partonopeus war der *Floris ende Blancefloer* [3983 vv.],[3] in der Mitte des 13. Jahrhs. übertragen von Diederic van Assenede, der 1262 zuerst als Clerc des Städtchens Assenede, später auch als Verwalter der gräflichen Domainen urkundlich bezeugt ist, und zwischen 1290 und 1293 verschied. Aus dem Franz. des Adenez li Rois wurde der Roman von *Beerte metten breden voeten* übersetzt; wir haben davon jedoch nur noch 159 vv.[4]

Viel mehr, 1146 vv., sind uns erhalten von einem aus dem Franz. übersetzten *Huge van Bordeeus;*[5] die Übersetzung eines anderen franz. Romans von *Huon de Bordeaux* ist in einer Prosaumarbeitung als Volksbuch bewahrt geblieben.[6] Grössere Bruchstücke besitzen wir von dem Gedichte *De Borchgrave van Couchi* [3284 vv.].[7] Sie gehören der um 1350 verfassten Übersetzung einer franz. Bearbeitung der Geschichte an, welche zur *Histoire du Chatelain de Coucy* des Jakemon Sakesep in nur überaus loser Beziehung steht.

Nur einige sehr verstümmelte Fragmente sind gerettet von einer Übersetzung der Romane aus dem Kreise des Schwanritters, namentlich des Gedichtes *Les Enfances Godefroi de Bouillon,*[8] worin wir lesen, wie der Sarazene Cornubrant den jungen Herzog Gottfried von Bouillon in seiner Heimat aufsucht, und sich vom Abte Geraert von St. Truyen den Enkel des Schwanritters zeigen lässt, von dem schon vorher verkündet war, dass

[1] Ausg. von 17 Fr. v. J. H. Bormans, Brüssel 1871. Fr. 18 gab E. Verwijs heraus *Handel- en Mededeel. v. d. M. der Ned. Lett.* 1872, 11—14, Fr. 19 W. Seelmann, *Jahrb. des Vereins für niederd. Sprachforschung* XI (1886) 171 ff. A. van Berkum gab die ersten Lieferungen einer neuen Ausgabe, Gron. 1898.

[2] Vgl. A. van Berkum, *De Mnl. Bewerking van den Parthonopeus-roman en hare verhouding tot het oudfransche Origineel,* Gron. 1897.

[3] Ausg. von Hoffmann von Fallersleben, *Horae Belg.* III Lipsiae 1836, und H. E. Moltzer, Gron. 1879.

[4] Ausg. von Moltzer in seiner Ausg. des *Floris,* Gron. 1879.

[5] Ausg. von S. de Wind, *N. R. der W. v. d. Maatsch. der Ned. Lett.* V (1847) 271—301 und G. Kalff, *Mnl. epische Fragm.* Neue Fragmente hrsg. von J. Verdam, *Tijdschrift* XVII 89—104.

[6] Ausg. von Ferd. Wolf, Stuttgart 1860.

[7] Ausg. von M. de Vries, *Tijdschrift* VII 97—250. Dazu J. Verdam *Tijdschrift* XVII 304—309.

[8] Ausg. von G. Kalff, *Mnl. epische Fragmenten.*

er einmal Jerusalem erobern und die falschen Götter niederschlagen würde. Dem Romancyclus des ersten Kreuzzuges schliesst sich der Roman von *Boudewijn van Seborch* an, welcher aus dem Französischen (aus einer etwas ausführlicheren Redaktion als der noch vollständig erhaltene *Roman de Bauduin de Sébourg*) übersetzt ist. Nur 315 vv. dieser Übersetzung sind uns bewahrt geblieben.[1] Der Held des Romans ist Boudewijn van Borch (wie Maerlant, *Sp. Hist.* IV[3], 24 v. 25 ihn nennt), der nach Boudewijn I., vom Jahre 1118 bis 1131 König von Jerusalem war. Freilich war er der Sohn von Eustacius von Boulogne und also ein Neffe Gottfrieds von Bouillon, im Roman aber heisst sein Vater «Arnout, coninc van Nymagen» und wird von ihm gesagt, dass er «comen is van den riddere metten zwane». Das uns erhaltene kleine Fragment führt uns in Arnouts Familienkreis zu Nijmegen hinein, wo wir seine Frau, die Königin Rose, finden und seine vier Söhne: Emereit oder Esmereit, Alexander, Gloriant und den zweijährigen Boudewijn. Da kommt auf einmal ein Bote aus dem Lande von Übermere mit der Trauermäre, dass das Heer der Kreuzfahrer von den Sarazenenfürsten Solomant von Nicea und Cormarant (d. h. Kerboga) «op den berch van Kievetoet» in die Flucht geschlagen war, dass Peter der Heremyt sich noch hatte retten können, der König Boudewijn aber gefangen war. Gleich ist Arnout fertig, in den Orient zu fahren, und ein treuloser Freund, Gaufroet van Vrieslant, feuert ihn noch mehr an, weil er hofft, ihn in den fernen Landen heimlich töten zu können und nachher sein Weib zu heiraten. Unbekannt ist uns jetzt ein anderer Roman, in welchem eine Episode aus der Geschichte der Kreuzzüge enthalten war, nämlich die Erlösung von Tyrus durch Konrad von Montferrat, welche, wie Maerlant sagte (*Alexander* VII, 1134 ff.) «in Dietsce bescreven staet».

Zu den orientalischen Romanen sind noch zu rechnen der *Athis et Prophilias* (erwähnt im Gedicht *Van der Feesten* v. 195), der *Amadas et Idoine* (erwähnt in *Van der Feesten* v. 193, *Limborch* XI, 849, und von Maerlant, *Alexander* VIII, 112 ff.) und ein *Olyvier de Castille* («het boec van Olivier van Spaengen», erwähnt in *Limborch* III, 781—807), und wir haben rechtmässige Ursache zur Vermutung, dass auch sie in niederländischer Übersetzung in Umlauf gewesen sind. Beweisen können wir es aber nicht. Noch 700 vv. besitzen wir von dem *Valentijn ende Nameloos*,[2] deren Geschichte besonders später bekannt geworden ist in dem aus dem Franz. übersetzten Volksbuch jüngeren Datums, *Valentyn en Oursson.*

Ist der *Valentijn* offenbar aus dem Franz. übertragen, ein Originalgedicht hingegen scheint der *Flandrijs* zu sein,[3] im Anfang des 14. Jahrhs. gedichtet. Der unbekannte Verfasser [wohl nicht Hein van Aken, noch dessen sogenannter Mitarbeiter Michiel] hat aus allerlei Dichtungen Motive zusammengetragen; eigener Erfindung jedoch ist die Geschichte selbst mit den darin auftretenden Personen: Flandrijs, der Held, der Sarazenenkönig Justiniaen, der Gerechte, dessen Sohn Fallax, der Verräter, dessen Tochter Isabele, Aligorant von Köln u. s. w. Durch das Wunderschwert, den Wunderschild und den Zauberspiegel zeigt das Gedicht den Charakter eines orientalischen Romans.

---

[1] Hrsg. von W. Golther ZfdP XXVII 14—27.

[2] Ausg. von W. Seelmann in seinem nd. *Valentin und Namelos,* Norden, Leipzig 1884 und G. Kalff, *Mnl. epische Fragm.* Ein neues Fragment ist hrsg. von W. de Vreese, *Tijdschrift* XI 140—162; dazu Jan te Winkel *Tijdschrift* XI 229—236.

[3] 5 Fragm., 1791 vv. sind hrsg. von J. Franck, Strassburg 1876; ein Fragment von 168 verstümmelten vv. veröffentlichte Franck *Tijdschrift* VIII 247—253.

Denselben Charakter hat der höchst fantastische, überaus alberne *Seghelijn van Jherusalem,* verfasst von einem gewissen Loy (d. h. Eligius) Latewaert [11986 vv.],[1] ein wunderbares Gemisch von Rittertum und Mystik, Sinnlichkeit und Asketismus, und voll der sonderbarsten Anachronismen. Dreissig Jahre nach dem Tode Jesu trat der Held als Ritter auf; er war unbesiegbar durch verschiedene kostbare Reliquien, die er besass, wurde Vater der sieben Weisen Roms, diente Konstantin dem Grossen, begleitete die Kaiserin Helena nach Jerusalem, heiratete Konstantins Tochter Florette, lebte nachher als Einsiedler und endigte sein abenteuerliches Leben als Papst unter dem Namen Benedictus I. Offenbar ist Loy Latewaert bekannt gewesen mit einer Redaktion der urspr. indischen *Historia septem sapientium sive de calumnia novercali* oder sogar mit dem *Dolopathos* von Joannes de Alta Silva. Im 14. Jahrh. ist jedoch auch eine jetzt verlorene franz. Bearbeitung[2] dieser berühmten Geschichte unter dem Titel *Van den VII vroeden van binnen Rome* [4513 vv.][3] in niederländischen Versen, der Sprache nach zu urteilen von einem Limburger oder Ostbrabanter, übersetzt.

Aus dem Orient stammt ebenso die berühmte Lebensgeschichte des canonisierten Buddha's oder *Barlaäm und Joasaph,* aus dem Griechischen vielfach ins Lateinische übersetzt und u. A. mit aufgenommen in Vincentius' *Speculum Historiale* (XV, Cap. 1—63), woraus sie von Philip Utenbroeke (s. § 19) in seinem *Spiegel Historiael* (II^7, cap. 1—9) niederländisch übertragen ist, und in der *Legenda Aurea*, welche später auch einen niederländischen Übersetzer (in Prosa) gefunden hat. Doch scheint es, dass auch einmal, wie im Französischen und Mittelhochdeutschen, im Niederländischen ein *Roman van Barlaäm ende Josaphat* dagewesen ist, von welchem wir noch ein kleines Bruchstück (90 vv.) besitzen.[4]

Viel grössere Fragmente (zusammen 1384)[5] sind uns erhalten von einem, augenscheinlich ursprünglichen, Romane, welchem wir den Namen *Jonathas ende Rosafiere* geben können. Die Heldin, Rosafiere, ist eine vom unabwendbaren Schicksal ins Elend getriebene Frau, deren Geschichte grosse Ähnlichkeit zeigt, teils mit der Erzählung von der geduldsamen Helena (oder dem franz. *Roman de la Manekine,* oder dem mhd. Gedicht *Mai und Beaflor*), teils mit der *Sproke van Beatrys* (s. § 10), da sie, wiewohl aufgenommen ins Kloster der grauen Nonnen, dem, ihrem Geliebten Jonathas schon vorher von einem Engel verkündeten, Schicksal nicht entgehen kann, dass sie Mutter würde durch ihren eigenen Vater, der sich dem Teufel verkauft hatte. In der Gesellschaft von sieben «putiers» bringt sie nachher sieben Jahre ihres Lebens zu in Sünde und Schande. Dann aber kehrt sie ins Kloster zurück, wo Maria in ihrem Abwesen und in ihrer Gestalt ihre Klosterpflichten erfüllt hatte. Keiner hatte je etwas von ihrer wahren Geschichte gehört, und also war es ihr sogar noch möglich, schliesslich zur Äbtissin gewählt zu werden. Jonathas hatte sich inzwischen vermählt mit ihrer Schwester Eglentyne, und er war es selbst gewesen, der seine ehemalige Geliebte in ihr Kloster zurückgeführt hatte. Er allein vernahm

---

[1] Ausg. von J. Verdam, Leiden 1878.

[2] Eine Prosabearbeitung davon ist übrig und als A hrsg. von Gaston Paris *Deux rédactions du Roman des sept sages de Rome,* Paris 1876; vgl. F. A. Stoett *N. en Z.* XII 511 ff. und H. P. B. Plomp, *De Mnl. Bewerking van het gedicht van den VII Vroeden van binnen Rome,* Utrecht 1899.

[3] Hrsg. von K. Stallaert, Gent 1889.

[4] Hrsg. von W. de Vreese, *Tijdschrift* XIV 168—172.

[5] Hrsg. von Nap. de Pauw, *Mnl. Gedichten en Fragmenten,* 487—529.

von Maria selbst das Geheimnis ihrer Gnade und, innerlich gerührt von diesem Beweis der himmlischen Barmherzigkeit, gab er all seine Güter den Armen, wofür ihm und seiner Frau ein Platz im Himmel versprochen wurde. Noch im Anfang des 16. Jahrhs. ist eine kürzere Fassung desselben Gedichts gedruckt, doch nur vier Blätter sind von einem Exemplar dieser Ausgabe erhalten.[1]

Grossen Ruhm erntete unter seinen Zeitgenossen Hein van Aken von Brüssel, Pastor von Cortbeke bei Löwen, gest. im ersten Viertel des 14. Jahrhs. Sein Gedicht *Huge van Tyberien*[2] ist eine verkürzte Übersetzung des Fabliau *de l'Ordene de Chevalerie.* In 14000 Versen übertrug er mit lobenswerter Abkürzung den *Roman de la Rose,*[3] und mit gutem Grunde wird ihm auch eine Originaldichtung, der Roman von *Limborch,* zugeschrieben [22000 vv. in 12 B.],[4] vermutlich 1291 unternommen und 20. Jan. 1318 vollendet. Die Dichtung hat, auch der Sprache nach, einen nationalen Charakter, wenn auch der Einfluss fremder Romane darauf nicht verkannt zu werden braucht. Sie ist insofern ein *Roman d'aventures,* als Heinrich von Limburg allerorten herumirrt, um seine als Sklavin nach Athen, später nach Konstantinopel geführte Schwester Margaretha aufzusuchen, und als der Athener Grafensohn Echites aus Liebe zu ihr allerlei ritterliche Abenteuer besteht. Liebesgeschichten treten jedoch mehr in den Vordergrund als Ritterthaten. Auch zeigt das Werk eine gewisse Hinneigung des Dichters zu einer psychologischen Behandlungsweise der Verhältnisse, zu Naturmalerei und Didaktik, bisweilen in allegorischer Form, wie es im Übersetzer der *Rose* uns nicht befremdlich erscheinen kann. Den historischen Hintergrund des Romans bildet der Streit der Christen von 1227 bis 1230 unter dem limburgischen Herzoge Heinrich IV. gegen die Sarazenen, während des Sultanats von Coradîn, im Roman Karados genannt.

III. MORALISCHE UND GEISTLICHE ERZÄHLUNGEN.

§ 8. Die Tiergedichte. Hatten die Ritterromane offenbar keinen didaktischen Zweck, der *Roman de la Rose* war schon eine moralische (in diesem Falle eher unmoralische), jedenfalls didaktische Erzählung unter allegorischer Form. Der Allegorie nahe verwandt war das Tiergedicht, das seinen Höhepunkt im sogenannten Tierepos erreichte. Das Tierepos stammt, wie es jetzt fast von jedem anerkannt ist, nur zum geringeren Teil aus der Volksanschauung: von einer Tiersage, wie Grimm sie sich vorstellte, kann nicht die Rede sein. Viel eher ist das Tierepos aus den Studierzellen der Klostergelehrten hervorgegangen und verdankte es seinen volkstümlichen Charakter erst später den französischen Minstrels. Zu seinen Quellen gehören, nebst spärlichen Volksüberlieferungen, vorzüglich morgenländische Novellensammlungen, namentlich der arabische *Kalilah und Dimnah,* verschiedene, dem Orient entsprossene, Redaktionen des alexandrinischen *Physiologus,* und die Aesopischen Tierfabelsammlungen, von welchen der *Romulus* im Mittelalter die bekannteste war. Von diesem *Romulus* ist eine mnl. Übersetzung aus der Mitte des 13. Jahrhs., welche

[1] Hrsg. von W. de Vreese, *Tijdschrift* XIII 247—255.

[2] Ausg. von J. F. Willems, *Belg. Mus.* VI 94—104, E. Kausler, *Denkmäler* III 83—93 und F. A. Snellaert, *Ned. Gedichten der 14 eeuw,* Brüssel 1869, 539—549.

[3] Ausg. von E. Kausler, *Denkmäler* II 1—482 und E. Verwijs, 's-Grav. 1868.

[4] Ausg. von L. Ph. C. van den Bergh, Leiden 1846—47. Vier kleine Fragmente sind noch hrsg. von G. Kalff, *Tijdschrift* XVII 297—301.

wohl mit Recht dem Calfstaff und dem Noydekijn zugeschrieben ist,[1] zum Teil bewahrt geblieben unter dem Namen *Esopet* [67 Fabeln].[2]

Aus den orientalischen Erzählungen, den Physiologus und den Aesopischen Tierfabeln entwickelte sich zuerst in den Klöstern ein lateinisches Tierepos, hauptsächlich vertreten durch die *Ecbasis Captivi* (10. Jahrh.) und den *Isengrimus,* um 1148 verfasst vom Magister Nivardus aus Gent.[3] Diesen schliesst sich eine grosse Anzahl französischer Romane an,[4] nebst dem aus dem Französischen übersetzten *Isengrînes Nôt* von Heinrich dem Glîchesaere.[5]

§ 9. Der Reinaert. Eine Branche von diesen franz. Romanen[6] ist mit ziemlich grosser Freiheit durch Auslassung und Einschiebung verschiedener Einzelheiten und durch Hinzudichtung einer ausführlichen Schlussszene (v. 1883—3476) mit feinerem Geschmack und grösserer Objectivität als der franz. Dichter besass, in ausgezeichneter Sprache mnl. übertragen von einem gewissen Ostfläming Willem, der nicht später als in der Mitte des 13. Jahrhs. gelebt haben muss, weil sein Werk bereits vor 1280 lateinisch übersetzt wurde von einem gewissen Baldwinus.[7]

Dieser *Roman van den Vos Reinaerde*[8] wird mit Recht das Meisterstück aller Tierepen sämtlicher europäischer Sprachen genannt. Überaus ergötzlich ist darin die auf einem Hoftage des Königs Nobel gegen Reinaert vorgebrachte Klage, wobei vorzüglich der Aufzug mit der Leiche der von Reinaert totgebissenen Henne Coppe mit komischer Anschaulichkeit beschrieben ist. In geistvoller Weise erzählt der Dichter hierauf, wie erstens Bruun, der Bär, und weiter Tibert, der Kater, abgeordnet, um Reinaert vor den Hof zu laden, vom schlauen Fuchs an der Nase herumgeführt werden. Kunstvoller und geistreicher noch als bei allem Vorhergehenden zeigt sich der Dichter bei der Beichte, welche Reinaert dem Dachse, Grimbert, gegenüber ausspricht, als dieser ihn dem Hofe zuführt, wo er sich zu verantworten hat, aber gleich zum Tode verurteilt wird. Hier hört die Dichtung auf, eine Umarbeitung des Französischen zu sein.

Der Dichter erzählt nun weiter, wie Reinaert, als der Galgen bereits aufgestellt ist, schlau und frech eine ehemalige Verschwörung Bruns und Isengrims gegen den König erdichtet und einen geheimen, aber erlogenen Schatz dem König aufzuweisen verspricht, wenn er ihn begnadigt und ihm erlaubt, eine Pilgerfahrt nach Rom zu machen. Der König lässt sich bethören. Cuwaert, der Hase, und Belijn, der Widder, begleiten Reinaert zu seinem Schloss Maupertuus, wo er Cuwaert verzehrt, indem er Belijn an den Hof und in sein Verderben schickt. Mit einer allgemeinen Empörung am Hofe über Reinaerts Verruchtheit und Verschlagenheit schliesst die Dichtung, welche zugleich und vorzüglich als Parodie der Ritterromane sehr ergötzlich ist.

Um 1375 veranstaltete ein uns unbekannter, westflämischer, gelehrter Dichter eine Umarbeitung des *Reinaert,* zu welcher er noch einen zweiten Teil (ca. 4300 vv.) dichtete, der jedoch zum Teile eine blosse Nachahmung

---

[1] Vgl. Maerlant, *Sp. Hist.* I[3], 3 v. 1—12. — [2] Ausg. von Jan te Winkel Gron. 1881.
[3] Ausg. von Ernst Voigt Halle 1884.
[4] Ausg. von Ernst Martin Strassburg 1882—87.
[5] Ausg. von Reissenberger Halle 1886. — [6] Bei Martin I 1—1620.
[7] Ausg. von M. F. A. G. Campbell Hagae-Com. 1859 und W. Knorr Utini 1860.
[8] Ausg. von W. J. A. Jonckbloet Gron. 1856, Ernst Martin Paderborn 1874, W. L. van Helten, Gron. 1887. Martin gab später *Neue Fragmente des Gedichts Van den Vos Reinaerde* (vv. 2590—2728, 3024—3165), Strassburg 1889 nach einer neugefundenen fragmentarischen Darmstädter Hs. heraus.

des ersten Gedichts, zum Teile eine sehr freie Umdichtung einer franz. Branche[1] ist. Die Schlussscene, der gerichtliche Zweikampf Reinaerts und Isengrims, ist der wichtigste und gelungenste Teil; doch ist diese zweite Reinaertdichtung oder *Reinaerts Historie*,[2] ihrer didaktischen und satirischen Tendenz wegen, und infolge der zu grossen Subjektivität des Dichters, der ersteren durchaus nicht ebenbürtig. Durch Einschaltung von Tierfabeln (zum Teile dem *Esopet* entnommen) und kurzen Erzählungen verrät der Dichter Bekanntschaft mit der Kompositionsmethode der orientalischen Novellisten.

Nach einer um 1487 von einem gewissen Heinric van Alkmaer[3] besorgten und mit Prosamoralisationen und Kapitelargumenten vermehrten Ausgabe von *Reinaerts Historie* wurde das niederdeutsche Volksbuch von *Reinke de Vos* übersetzt.[4] In dieser Übersetzung ist die Geschichte Reinaerts während mehrerer Jahrhunderte sehr beliebt geblieben, und aus dieser ist sie in alle europäischen Sprachen übertragen worden. Auch hat man Prosavolksbücher. Das älteste ist 1479 zu Gouda gedruckt.[5]

§ 10. Geistliche Erzählungen. Neben den Ritterromanen stehen die geistlichen Erzählungen mit Gott und seinen Heiligen als Helden und Maria als geistlicher Ginevra. Unter den Gedichten dieser Art nimmt das Gedicht *Van den Levene ons Heren* [5000 vv.][6] die erste Stelle ein. Die erste Hälfte dieses Gedichts, zum Teil eine trockene Bereimung der evangelischen Geschichte, wird den Leser schwerlich fesseln können; die zweite, welche u. a. breit, aber plastisch die Höllenfahrt Christi schildert, zeigt, dass der Dichter einen grossartigen Stoff seiner würdig zu behandeln wusste. *'t Boec van den Houte* [780 vv.],[7] früher mit Unrecht Maerlant zugeschrieben, giebt eine ziemlich lesbare Übersicht der legendären Geschichte des Kreuzes von Adams Zeiten an bis zur Kreuzigung.

Maerlant entnahm dem *Speculum Historiale* von Vincentius eine Sammlung von *Mariamirakelen*;[8] sie stehen aber tief unter der einfachen, schönen Erzählung eines Marienmirakels, der *Sproke van Beatrijs* [1038 vv.].[9] Es ist die rührende Geschichte einer Nonne, die, von weltlicher Liebe getrieben, dem Kloster entflieht und später, in der tiefsten Armut versunken, genötigt ist, ein Hetärenleben zu führen, nach vierzehn Jahren aber ins Kloster zurückkehren darf, wo niemand sie vermisst hatte, da Maria selbst während der ganzen Zeit ihre Stelle vertrat, um ihr die ihr immer bewiesene Devotion zu lohnen. Die Sproke, welcher Stoff zuerst bei Caesarius von Heisterbach vorkommt, ist im 14. Jahrh. verfasst, wie auch die Legende von *Theophilus* [1854 vv.],[10] dem verkannten Verehrer Mariens, der seine Seele dem Teufel verschrieb, von seiner Gönnerin aber gerettet wurde.

---

[1] Die sechste bei Martin.

[2] Ausg. von Ernst Martin Paderborn 1874; vgl. J. W. Muller, *De oude en de jongere Bewerking van den Reinaert* Amst. 1884.

[3] Über ihm s. J. W. Muller, *Tijdschrift* VII 251—260.

[4] Älteste Ausg. Lübeck 1498; jüngste von Aug. Lübben Oldenburg 1867, und Carl Schröder Leipzig 1872; vgl. Fr. Prien; PBB VIII 1—53.

[5] Neudruck von J. W. Muller en M. Logeman Zwolle 1892.

[6] Ausg. von P. J. Vermeulen Utrecht 1843. Fragmente eines anderen Textes sind hrsg. von Nap. de Pauw, *Mnl. Gedichten en Fragmenten* (Gent 1893) 310—319.

[7] Ausg. von J. Tideman Leiden 1844. — [8] Auch in der Ausg. des *Sp. Hist.* I[7], 56—91.

[9] Ausg. von W. J. A. Jonckbloet, 's-Grav. 1841, 1859 und G. Penon, *Ned. Dicht-en Prozawerken* I (Gron. 1889) 347—377; deutsche Übersetzung von Wilhelm Berg Haag 1870.

[10] Ausg. von J. Verdam Amst. 1882.

Wunderbar fantastisch ist die *Reise van St. Brandaen*,[1] die niederländisch in zwei sehr verschiedenen und doch in naher Beziehung zu einander stehenden Texten vorliegt, bearbeitet nach einem deutschen Original, das auch der Prototypus eines mhd. Textes und des oberdeutschen Prosavolksbuches sein soll.[2] Eine Sammlung trockener Apostellegenden besitzen wir in *Der Istorien Bloeme* [4282 vv.],[3] mutmasslich aus der *Aurea Legenda* geschöpft. Sie ist nur der erste Teil einer grösseren Sammlung; die drei anderen, jetzt verschwundenen Teile enthielten die Legenden der Märtyrer, der Confessoren und der heiligen Frauen und Jungfrauen. Überdies sind uns noch viele aus dem Latein übersetzte Legenden vollständig oder nur fragmentarisch bewahrt geblieben. Schon nannten wir Veldeke's *Leven van St. Servaes* (s. § 4) aus dem 12. Jahrh. Maerlant schrieb *Sint Franciscusleven* (s. § 14) im 13. Jahrh. Um dieselbe Zeit übersetzte der, 14. April 1297 als Abt von St. Truyen verstorbene, Willem van Afflighem, der gelehrte Verfasser vieler lateinischer Schriften, das *Leven van Sinte Lutgart*[4] (geb. in Tongeren 1182, † 1246 in der brabantischen Abtei von Aywières) aus dem Latein von Thomas Cantimpratensis (*Acta Sanctorum* XXII, 234—263), der seine *Vita Lutgardis* bald nach dem Tode der Heiligen, schon 1250 oder 1251, verfasst hatte. Von dieser sehr umfangreichen Übersetzung, welche Willem gewiss vor 1280, vielleicht um 1260, vollendet hat, ist der erste Teil nicht mehr da; der zweite und der dritte Teil jedoch (handschriftlich in der Kön. Bibliothek zu Kjöbenhavn von Van Veerdeghem wiedergefunden)[5] enthalten sämtlich nicht weniger als 20000 vv. Eine kürzende Umarbeitung dieser Dichtung machte am Ende des 14. oder am Anfang des 15. Jahrhs. ein gewisser Klosterbruder Gheraert, von dessen *Leven van St. Lutgardis* ein grosses Bruchstück (ca. 3800 vv.) erhalten ist.[6] Derselbe Gheraert übersetzte auch noch aus dem Latein von Thomas Cantimpratensis (*Acta Sanctorum* XXX, 650—660, verfasst im Jahre 1232) das *Leven van Sinte Kerstinen*,[7] einer canonisierten hysterischen Kuhhirtin von St. Truyen († 1224), das vollständig bewahrt geblieben ist (1949 vv.).

Aus dem 13. Jahrh. datieren noch die Bruchstücke der Legende *Van Sente Aechte* (767 vv.), im Jahre 1286 verfasst im Kloster Eename (bei Oudenaarde), und der Legende *Van Sente Maria Egyptiaka* (703 vv.), in demselben Kloster übersetzt im Jahre 1290. Dieselbe Handschrift[8] (jetzt in Oudenaarde), in welcher diese, in Eename geschriebenen, Fragmente uns bewahrt sind, enthält auch noch die fragmentarisch überlieferten Legenden *Van Sente Caterine* (121 vv.), *Van Sente Eustaesse* (361 vv.) und *Van Sente Waernaer* (236 vv.), dem 1287 zu Bacharach am Rhein angeblich von den Juden getöteten dreizehnjährigen Knaben.

Fast vollständig erhalten ist (nur der Anfang, 65 vv. fehlt) das gereimte Leben der niederländischen Heiligen *Sunte Kunera van Rheenen*[9] (728 vv.), welche in der Mitte des 4. Jahrhs. lebte. Es erzählt in drei Teilen «die

---

[1] Ausg. von Ph. Blommaert, *Oudvlaemsche Gedichten* I 91—128, II 1—28, W. G. Brill Gron. 1871 und E. Bonebakker Amst. 1894; vgl. J. Bergsma, *Brandaenteksten*, Gron. 1887.

[2] Ausg. von Carl Schröder Erlangen 1871.

[3] Ausg. von A. C. Oudemans, *Dietsche Warande* I. II. 1855—56.

[4] Ausg. von F. van Veerdeghem, Leiden 1899.

[5] F. van Veerdeghem *Bull. de l'Acad. royale de Belgique* 3 S., XXXIV 1055—1086.

[6] Ausg. von J. H. Bormans *Dietsche Warande*, III, 37—67, 132—165, 285—322, IV 155—170, 267—302.

[7] Ausg. von J. H. Bormans Gent 1850.

[8] Vollständig hrsg. v. Nap. de Pauw, *Mnl. Gedichten en Fragmenten* (Gent 1893) 290—402.

[9] Ausg. von Nap. de Pauw, *Mnl. Gedichten en Fragmenten*. 247—271.

gheboert, die passi ende die verheffinge Sunte Kuneren». Auch eine Prosalegende der heiligen Kunera ist niederländisch bekannt.[1] Viel grösseren Umfang (12450 vv.) hat das *Leven van St. Amand*[2] [und St. Bavo], im Jahre 1367 abgefasst von Gillis de Wevel, einem jungen «clerc», welcher es ohne poetische Begeisterung aus mehreren Quellen (u. A. Utenbroeke's *Spiegel Historiael*) zusammenschrieb.

IV. JACOB VAN MAERLANT.

§ 11. Bedeutung der Maerlant'schen Dichtung.[3] Mit der wachsenden Blüte der flämischen, brabantischen und holländischen Handelsstädte und der vermehrten Teilnahme aufgeklärter Fürsten, wie Jan I. von Brabant, Floris V. von Holland und ihrer Ritterschaft, an der Verbreitung praktischer Kenntnisse und volkstümlicher Wissenschaft erhoben sich im 13. Jahrh. den Minstrelen [gemieteten Romandichtern] gegenüber die Clerken, selbständige Betreiber von gemeinnützlichen Kenntnissen, welchen es darum zu thun war, Bildung und Aufklärung zu verbreiten, die sozialen Verhältnisse zu verbessern, Sittlichkeit und Wahrheitsliebe zu befördern. Ihre Beziehung zu den dichterischen Dienstleuten des Adels ist treffend geschildert in der *Samenspraak van Scalc ende Clerc*.[4]

Unter diesen Clerken steht an erster Stelle Jacob van Maerlant, von seinem Schüler Boendale, welcher die Minstrele nicht als Dichter anerkannte, «den Vader der dietscher dichtren algader» genannt.[5] Von ihm datiert in der mnl. Literatur eine neue Richtung, welche man das grösste Recht hat, gegenüber der der franz. Romandichter die volkstümliche zu heissen.

In Maerlant ehrt man mit Recht den wirksamsten Vertreter des nl. Volksgeistes im Mittelalter, der zugleich durch den Erstaunen erregenden Umfang und die lobenswerte Vielseitigkeit seines Wirkens und durch die grosse Anzahl seiner inhaltsreichen Schriften, welche zusammen der Spiegel seines Zeitalters genannt werden dürfen, die Hauptfigur in der Geschichte der nl. Literatur im Mittelalter bildet. Freilich offenbart sich seine dichterische Schöpfungskraft und die Begeisterung, womit er seinem Lebenszweck nachstrebt, mehr in der Ausdauer, womit er seine Riesenwerke bearbeitete, als in den einzelnen Teilen seiner Lehrgedichte, welche ebensowenig dem Ausdruck als der Auffassung und Anschauung nach dichterisch genannt werden dürfen; seine strophischen Gedichte jedoch sind glutvoll, reich an treffenden Bildern, und verfasst in einer künstlerischen Versform, die er augenscheinlich mit grosser Leichtigkeit zu behandeln wusste. Nichts Originales besteht in der ganzen mnl. Literatur, was seinen strophischen Gedichten an Feuer und Kraft gleichkommt.

§ 12. Maerlant's Jugendwerke. Maerlant ist, wahrscheinlich um 1235, geboren in «Bruxambacht» oder dem «Brugsche Vrije». Er war also Fläming, scheint aber schon sehr bald nach dem später mit Brielle auf der Insel Voorne zu einer Stadt zusammengewachsenen Flecken Maerlant gezogen zu sein. Da war er Küster und anfangs Romandichter. Ob

[1] Ausg. von N. Kist, *Kerkhistorisch Archief* II 1—48.

[2] Ausg. von Ph. Blommaert Gent 1842—43.

[3] Monographien: C. A. Serrure, *Jacob van Maerlant en zijne werken*. 2. Aufl. Gent. 1867; Karel Versnaeyen, *Jacob van Maerlant en zijne werken*, Gent. 1861. Jan te Winkel, *Maerlant's Werken beschouwd als Spiegel van de 13 eeuw*, Leiden 1877. 2. Aufl. Gent. 's-Grav. 1892; vgl. Ferd. von Hellwald, *Jacob von Maerlant, ein Kulturbild des XIII. Jahrhs. Allg. Zeitung* 1878. Beilage 13, 15.

[4] Ausg. von M. de Vries, *N. W. der Maatsch. der Ned. Lett.* VI (1844) 123—186.

[5] *Lsp.* III 15 v. 119 f.

er seinen ersten Roman, den *Alexander,* welcher zwischen 1257 und 1260 abgefasst und einer von ihm hochverehrten Edelfrau Gheile gewidmet ist, bereits in Maerlant geschrieben hat, wissen wir nicht genau. Wohl dichtete er daselbst drei andere Romane: 1. *Die Historie van den Grale* und *Merlijns Boeck,* Herrn Albrecht van Voorne um 1261 gewidmet, 2. *Torec* und 3. *Die Historie van Troyen,* um 1264 (s. § 4, 6), und überdies zwei kurze, jetzt verlorene Schriftchen, *Sompniarijs* (ein Traumbuch) und *Lapidarijs,* ein vielleicht aus dem Lat. von Marbodus übersetztes Büchlein über die Zauberkraft der Steine und Gemmen, das er später ganz oder teilweise in sein *Naturen Bloeme* (als zwölftes Buch) aufgenommen zu haben scheint.

§ 13. Maerlant's erste strophische Gedichte.[1] Noch schrieb Maerlant, mutmasslich zu Maerlant, das umfangreichste und wichtigste seiner strophischen Gedichte, den *Eersten Martijn,* gewöhnlich nach dem Anfang *Wapene Martijn* genannt. Es ist, wie fast alle seine strophischen Gedichte, verfasst in *Clausulen* von 13 Versen [Reimschema: aabaabaabaabb] und bildet den Übergang von der ersten Lebensperiode Maerlants, der romantischen, zu seiner späteren, didaktischen oder, wie er selbst es in seinem *Rijmbijbel* sagt, von seiner Jugend, in welcher er sich an leichtsinnigen Lügenerzählungen versündete, zu seinem späteren Alter, in welchem er seinen früheren Weltsinn bedauerte und unter seinem Wahlspruch «Wahrheit über Alles» nützliche Kenntnisse zu verbreiten strebte, gute Sitten lehrte und Unwahrhaftigkeit und Unsittlichkeit ritterlich zum Kampfe herausforderte, ohne dabei Adel und höhere Geistlichkeit zu schonen, obgleich er niemals jemand mit Namen an den Pranger stellte.

Der *Eerste Martijn,* der mit einer Klage über die Verdorbenheit der Welt anfängt, besteht eigentlich aus zehn Gedichten, in welchen Probleme sehr verschiedener Art *[Quodlibeta]* aufgeworfen und gelöst werden in einem Zwiegespräch von Jacob, dem Dichter selbst, und seinem Freunde Martijn. Nach einander werden darin besprochen: 1. die Verderbnis des Adels durch den Einfluss der Schmeichler [Scalken], 2. das Scheinglück der Bösen, 3. die Unendlichkeit der Höllenstrafe, ungeachtet der beschränkten Lebenszeit der Sünder, 4. die Möglichkeit des Verzeihens der Todsünde, 5. die verschiedenen Arten der Liebe, Geschlechtsliebe (Amor), Liebe zu Ehre und Geld, und christliche und göttliche Liebe (Caritas), 6. der Unterschied zwischen den Ständen und der Ursprung des wahren Adels, 7. die Herrschaft von Hass und Feindschaft als notwendige Folge des Mein und Dein, 8. das Auge oder das Herz als Ursache der Minne, d. h. die Aussenwelt oder die innere Neigung des Menschen Grundursache der Begierlichkeit,[2] 9. die Vorzüge der Armut vor dem Reichtum und 10. die Vortrefflichkeit des weiblichen Geschlechts.

Dander (der zweite) *Martijn* ist ein Zwiegespräch, in welchem, nicht ohne Subtilität, von folgendem Problem gehandelt wird: «wenn ich eine Frau liebe, die mich vernachlässigt, und geliebt werde von einer Frau, die mir gleichgültig ist, welche der beiden Frauen soll ich dann retten, wenn sie beide in Lebensgefahr sich befinden und ich nur eine retten

[1] Sie sind sämtlich hrsg. von E. Verwijs, *J. van Maerlant's Strophische Gedichten,* Gron. 1880 u. J. Franck en J. Verdam, *J. van Maerlant's Strophische Gedichten,* Gron. 1898; eine lateinische Übersetzung der drei Martingedichte von Jan Bukelare gab C. P. Serrure, *Vad. Museum* I 116—199 heraus; Fragmente einer um 1480 in Brügge von Jan Britoen gedruckten franz. Übersetzung Paul Fredericq, *Tijdschrift* IV 275—291, XVII 33—45.

[2] Dieses Quodlibet ist die freie Übersetzung einer *Disputatio inter cor et oculum,* angeblich von Philippe de Grève.

kann?» Die Antwort ist: «Ich soll Gott nachfolgen, der diejenigen rettet, welche ihn lieben». Natürlich ist der Inhalt dieses Dialogs symbolisch zu deuten: die geliebte, aber keine Wiederliebe gewährende Frau ist die untreue Welt, die vernachlässigte, aber gleichwohl ihre Liebe versprechende Frau ist die heilige Jungfrau, die Vorsteherin der christlichen Kirche. *Dander Martijn* ist bereits in Damme, der Hafenstadt von Brugge, geschrieben, wo Maerlant nach 1266 sich niederliess und wo er, der Überlieferung nach, Kanzleischreiber der Stadt war. Da verfasste er also auch den *Derden Martijn* oder das Gedicht *Van der Drievoudichede,* eine dichterische Paraphrase des *Symbolum Pseudo-Athanasianum.*

Andere strophische Gedichte Maerlant's sind: *Van ons Heren wonden,* eine Übersetzung des lateinischen Hymnus «*Salve mea o patrona*», *Van den vijf Vrouden* [Mariens], Übersetzung eines lateinischen Gedichts *De gaudiis beatae virginis Mariae,* und *Die Clausule van der Bible,* eine Reihenfolge allegorischer Bibelstellen des Alten Testaments auf Maria angewendet, vor welcher er lebenslang die höchste Ehrfurcht hegte und deren unbefleckte Empfängnis er feierte.

§ 14. Maerlant's didaktische Werke. Sein erstes eigentlich didaktisches Werk hat Maerlant indessen wahrscheinlich noch in Maerlant verfasst, wie man glaubt zu Nutzen Floris des V., als dieser 1266 Graf von Holland wurde. Es ist die *Heimlicheit der Heimlicheden* [2510 vv.],[1] eine Art von Staatslehre, dessen mittelster Teil von einer Art Gesundheitslehre gebildet wird. Das Original war der, auch von Maerlant selbst dem Aristoteles zugeschriebene, Traktat *Secreta Secretorum.*

Bald nach seiner Abreise nach Damme bearbeitete Maerlant in 13 Büchern sein zweites Lehrgedicht, die Naturgeschichte des Thomas Cantimpratensis *De Natura Rerum* unter dem Titel *Der Naturen Bloeme* [16660 vv.][2] für Herrn Nicolaas van Cats; und nachher verfasste er sein berühmtestes Werk, die Übersetzung der *Scolastica* von Petrus Comestor, später unter dem Namen *Rijmbijbel* bekannt geworden, und auf Veranlassung eines Freundes noch vermehrt mit einer, 25. Martii 1271 vollendeten Fortsetzung, *Die Wrake van Jherusalem,* aus dem Geschichtsbuche des Flavius Josephus geschöpft [mit dem *Rijmbijbel* zusammen 34892 vv.].[3]

Auf die Anklage, dass er den Laien die Geheimnisse der Bibel offengelegt hätte, musste er seiner kirchlichen Obrigkeit [wohl dem Bischof von Utrecht] gegenüber sich rechtfertigen, und dieses veranlasste ihn in seinen späteren Schriften mit theologischen Betrachtungen sparsamer zu sein. In Utrecht machte er, wahrscheinlich im Jahre 1271, die Bekanntschaft des Bruders Alaert, des Guardians der Franziskaner, auf dessen Bitte er das *Leven van St. Franciscus* aus dem Latein von Bonaventura buchstäblich übersetzte [10540 vv.][4] nachdem er schon ein jetzt verlorenes *Leven van St. Clara* verfasst hatte.

Im Jahre 1283 begann Maerlant, dazu vom Grafen Floris V. von Holland aufgefordert, sein Hauptwerk, das ihn vorzüglich zum Geschichtsschreiber stempelt, den *Spiegel Historiael,* eine Umarbeitung des *Speculum Historiale* von Vincentius Bellovacensis [91000 vv.],[5] das er in vier Partien einteilte, von welchen ihm nur gestattet wurde, die erste, die dritte und den Anfang der vierten Partie zu bearbeiten. Er beschränkte sich nicht auf buchstäbliches Übersetzen, sondern liess mit Geschick vieles weg,

---

[1] Ausg. von J. Clarisse, Dordrecht 1838 und E. Kausler, *Denkmäler* II 1844.
[2] Ausg. von E. Verwijs Gron. 1878.
[3] Ausg. von J. David Brussel 1858—69. — [4] Ausg. von J. Tideman Leiden 1848.
[5] Ausg. von M. de Vries und E. Verwijs Leiden 1857—63.

indem er auch vieles, was die Frucht eigener Untersuchung war [ca. 10000 vv.] hier und dort einfügte, u. a. eine berühmte Bestrafung der franz. Romandichter [Borderer] und eine ausführliche Schilderung des ersten Kreuzzuges, aus dem Thomas Aquensis geschöpft.

§ 15. Maerlant's letzte strophische Gedichte.[1] Dass Maerlant für die Kreuzfahrt schwärmte, geht auch hervor aus seinem strophischen Gedicht *Disputacie van onser Vrouwen ende van den helighen Cruce,* eine ziemlich genaue Übersetzung der *Lamentatio beatae Mariae ad crucem* von Philippe de Grève, in welche er die freiere Übersetzung eines anderen Gedichts desselben: «Quid ultra tibi facere» eingeschaltet hat. In dem letzteren wird Christus redend eingeführt mit einer dichterischen Klage über die bedauerliche Lage der Christenheit im Morgenlande, als die Folge der Sittenverderbnis in der christlichen Kirche, welche Maerlant auch sein scharftadelndes strophisches Gedicht *Der Kerken Clage* in der Weise von Rustebuef's *Complainte de Sainte Eglise* eingab. Im Geiste Rustebuef's, dessen Gedichte er aber vielleicht nicht gekannt hat, dichtete er auch seinen Schwanengesang *Van den Lande van Oversee,* ein gefühlvolles Klagelied und einen begeisterten Aufruf zu einem neuen Kreuzzuge nach dem Verlust von St. Jean d'Acre, 12. Mai 1291.

Ob Maerlant nach diesem Liede noch weiter etwas gedichtet hat, wissen wir nicht. Sein Todesjahr ist nicht bekannt. Aus der notdürftig überlieferten Inschrift eines Grabsteins, der wenigstens hundert Jahre nach seinem Tode auf sein Grab in Damme gelegt wurde, hat man geschlossen, dass er 1300 verschied; das Gedicht *Vierde Martijn*[2] aber, das 1299 verfasst wurde, und ihn redend einführt, rechtfertigt die Vermutung, dass er damals bereits gestorben war. Die Worte (*Vierde Martijn* v. 743) «tloy ende tgedichte mijn» beziehen sich natürlich nicht auf das Gedicht *Huge van Tyberien,* wie Serrure und Jonckbloet meinten, welche deshalb das Gedicht dem Dichter desselben, Hein van Aken, zuschrieben, sondern auf Maerlant's *Wapene Martijn* (v. 521 ff.), wo der Dichter «dat Duutsche loy» (d. h. den *Sachsenspiegel*) erwähnt. Der Verfasser des *Vierden Martijns* war zwar, wie Hein van Aken, ein Brabanter, sein Name aber ist uns bis jetzt nicht bekannt.

V. DIE LYRIK DES 12. BIS 14. JAHRHS.

§ 16. Die Lyrik des 12. Jahrhs. Veldeke. Der älteste mnl. Romandichter Veldeke ist auch der erste mnl. Liederdichter. Er hinterliess uns ca. 30 Lieder in mangelhafter deutscher Umschreibung,[3] welche ursprünglich jedoch in Versifikation, Manier und Begriff der höfischen Minne den Liedern der provenzalischen Trobadors nachgebildet sind, wie es auch der Fall war mit den Liedern der späteren deutschen Minnesänger. Die Liebe ist ihm ein Kultus, das Weib ist ihm eine Halbgöttin, die man im Stillen feiert und der man mit anspruchlosem Eifer dient, ohne je einen grösseren Lohn zu fordern als ein freundliches Wort vom holden Mund. Wer weiter noch etwas von ihr begehrt, ist ein unverschämter Narr, sagt Veldeke seiner Erfahrung zufolge. So wie er von der Minne singt, singt er auch vom Lenz mit seinen Blumen und seinem Vogelgesang. Diesen

[1] Ausg. von E. Verwijs, *Strophische Gedichten,* Gron. 1880 und J. Franck en J. Verdam, *Strophische Gedichten,* Gron. 1898.

[2] Ausg. von C. P. Serrure, *Vaderl. Museum* IV 55—90.

[3] Ausg. von F. H. von der Hagen, *Minnesinger* I 35—50, vgl. IV 72—79; L. Ettmüller, *Heinrich von Veldeke,* Leipzig 1852, 1—14. MF 56—68.

verdankt er seine Fröhlichkeit, die ihn nur selten im Stiche lässt. Sein Lebensspruch scheint zu sein: «Wer Freude ohne Reue hat mit Ehre, der ist reich; das Herz, worin die Reue wohnt, das lebet kümmerlich. Edel und vernünftig ist, wer mit Ehre seine Freude erhöhen kann, denn das ist gut».

§ 17. Die Lyrik des 13. Jahrhs. Jan van Brabant. In ebendemselben Ton und nach demselben Vorbilde wie die Lieder von Veldeke sind auch neun, nur in sehr verdeutschter Fassung bewahrt gebliebene Lieder,[1] welche ein Jahrhundert später gesungen wurden, angeblich vom Herzoge Jan I. von Brabant [geb. 1252 oder 1253, † 1294], dem Idealritter jener Zeit, lorbeergekrönt auf dem Turnierplatze und berühmt durch den glänzenden Sieg von Woeringen im Jahre 1288. Der mittelniederländische Text von fünf dieser Lieder (II, IV, V, VI und VII) ist ohne Mühe wiederherzustellen; offenbar sind sie ursprünglich in niederländischer Sprache gedichtet; denn ursprünglich hochdeutsch können sie ebensowenig sein, wie die Lieder Veldeke's. Hingegen sind I, III, VIII und IX augenscheinlich mittelhochdeutsche Lieder, wie die Reime, die Wortbedeutung und der Wortgebrauch ausweisen. Zwar haben Willems,[2] Hoffmann von Fallersleben[3] und Heremans[4] es versucht, auch diese Lieder ins Mittelniederländische zurückzuübersetzen, ohne Zwang aber war das nicht möglich. Die dritte Strophe des sechsten Liedes, die ursprünglich auch wohl in mittelhochdeutscher Sprache abgefasst war, gehört wahrscheinlich nicht diesem Liede an, sondern war wohl vorher die Anfangsstrophe des neunten Lieds.[5] Da sich gar nicht begreifen lässt, warum Herzog Jan in hochdeutscher oder verdeutschter Sprache seine Lieder gedichtet haben würde, und noch viel weniger, wie er es in seinem Mittelhochdeutschen so gut hätte machen können, sind wir genötigt, vier von den neun Liedern, welche in der Handschrift als von ihm verfasst vorkommen, dem Herzoge abzusprechen. In denjenigen, welche ihn zum Verfasser haben, singt er von seiner Liebe zu einer edelen Jungfrauen, von welcher er beteuert: «tusschen der Mase ende den Rine en es geen scoenre dan die mine». Durch echt heiteren Ton und Wohlklang ragt unter seinen Liedern eine Pastourelle hervor, in welcher mit nur einigen Zügen ein verfehltes Liebesabenteuer mit drei Mädchen in einem Baumgarten lustig gezeichnet ist.

Dass es im 13. Jahrh. noch andere Minnelieder gegeben hat, darf man wohl schliessen aus den Worten Maerlant's «het seget al, eist here, eist knecht, vrouwen ende joncfrouwen, in sange ende in rime slecht, dat si met minnen sijn verplecht».[6] Keines jedoch scheint bewahrt geblieben zu sein.

Am Ende des 13. Jahrhs. lebte «die goede vedelare Lodewijc van Vaelbeke», von Boendale[7] loblich erwähnt als Dichter von *Stampien* oder Tanzliedern, die jedoch jetzt wohl verloren sind.

Eine Dichterin von 77 geistlichen, sehr mystischen Liedern[8] war eine gewisse Hadewych, von welcher auch Prosaschriften da sind, und welche man[9]

---

[1] Ausg. von F. H. von der Hagen, *Minnesinger* I 15—17, vgl. IV 38—47.
[2] J. F. Willems, *Oude Vlaemsche Liederen*, Gent 1848, 11—25.
[3] Hoffmann von Fallersleben, *Germania* III 154—163.
[4] J. F. J. Heremans, *Nederlandsch Museum* I 253 ff.
[5] H. Boerma, *Tijdschrift* XV 220—238. — [6] Maerlants *Martijn* I 444 ff.
[7] *Brab. Yeesten* V 633 ff.
[8] Ausg. von J. F. J. Heremans und C. J. K. Ledeganck Gent 1875.
[9] Paul Fredericq, *Verslagen en Mededeel. der Kon. Akad. van Wet.* Afd Lett. 3 R XII 77—98.

versucht hat, zu identifizieren mit der Jungfrauen Heilwigis Bloemaerdinne, Stifterin eines Spitals in Brüssel, welche von 1305 bis 1335 (ihr Sterbejahr) als Führerin einer ketzerischen Sekte Freiheit des Geistes mit Wort und Schrift predigte und namentlich auch eine Art mystischer Liebe, welche sie seraphische Liebe nannte. In unserer Zeit haben Hadewych's Lieder viele Bewunderer gefunden, aber Wohlklang und poetische Fassung einzelner Strophen sind nicht im Stande, die Einförmigkeit des Inhalts und die kränkliche Lebensanschauung der Dichterin gut zu machen. Es sind vielmehr musikalische Variationen über ein und dasselbe Thema als sinnreiche Gedichte.

§ 18. Die Lyrik des 14. Jahrhs. Während des 14. Jahrhs. nahm die musikalische Bildung in den Niederlanden immer mehr zu. Zu welcher Höhe sie damals schon gestiegen war, beweisen Namen wie H. de Zeelandia und Guillaume Dufay.[1] Überall in Mittel-Europa, ja sogar in Spanien und Italien, waren die nl. Musiker geehrt und gesucht, und die in Flandern verfertigten Musikinstrumente wurden nach allen Ländern hin ausgeführt. Doch gelangte die Lyrik nicht zu einer dementsprechenden Höhe. Neue Melodien wurden sehr beliebt, den Worten gegenüber war man gleichgültiger. Jedenfalls sind nur wenige Lieder mit Gewissheit dem 14. Jahrh. zuzuschreiben.[2]

Zu den erhaltenen geistlichen Gedichten gehören Übersetzungen von Kirchenliedern, wie das *Stabat mater,* das *Dies est laetitiae* u. s. w., weiter einige nach dem ursprünglichen Refrain «kyrie eleison» sogenannte *Leysen,* zum grösseren Teil Weihnachtslieder, und unter diesen auch einige halb lateinisch, halb niederländisch abgefasste,[3] die Glossenlieder, u. a. von Jan van Hulst ein *Salve Regina*[4] und ein *Ave Maria,* und geistliche Lieder, vorzüglich zu Ehren Jesus und Mariens u. a. ein «lieken, dat maecte een riddere die convers was van onser (der Regulieren) oerdenen in Hollaent» (363 vv.) mit dem Refrain «O Jhesu, zuete minne»,[5] *Den lof van Maria, ghemaect op drie staven*[6] (284 vv.), in welchem Gedicht Meester Aelbrecht van Colne, Meester Heynric Formator van Dorneke und Jacob van Maerlant auftreten, um in Wettkampf das Lob Mariens zu singen und Maerlant den Preis der Meisterschaft bekommt; die weitläufigen strophischen Gedichte vom Klosterbruder Hanzen[7] u. s. w.

Die weltlichen Lieder sind zum grösseren Teil im Tone des höfischen Minnesangs geschrieben, wenn auch der galante Idealismus schon allmählich von der Stimme der Natur übertönt wurde. *Minstrele* [von *Ministerium,* Dienst: also Dienstleute] an den Höfen der Fürsten und der grossen Herren, und andere Sänger, welche «ohne Wappen» herumzogen, kennt man in grösserer Anzahl aus den Rechnungen der holländischen Grafen des baierischen Hauses: Willem V., Albrecht und Willem VI., wie in denjenigen der Grafen von Blois, und unter diesen viele, welche aus Deutschland herkamen und u. a. Lieder Walter's von der Vogelweide sangen. Wenigstens finden sich mehrere Lieder Walter's in einer

[1] s. Edmond van der Straeten, *La musique aux Pays-Bas* VI.

[2] Man findet sie in den *Oudvlaemsche Liederen,* Ausg. von C. Carton, Gent 1849; in der Hulthemschen Hs., zum Teil gedruckt im *Vaderl. Museum*; in der Haager Hs., zum Teil gedruckt in der *Dietsche Warande.*

[3] s. Hoffmann von Fallersleben, *In dulci iubilo,* 2. Ausg., Hann. 1861.

[4] s. Th. J. J. Arnold, *Dietsche Warande* N. R. I (1876) 542—560.

[5] Hrsg. von W. de Vreese, *Tijdschrift* XIX 311—324.

[6] Hrsg. von Nap. de Pauw als erstes von 24 Liedern und anderen geistlichen Gedichten in *Mnl. Gedichten en Fragmenten* (Gent 1893), 1—120.

[7] Ausg. von R. Minzloff, Hann. 1863, Fr. Gerss *ZfdPh* XI 218—227.

grossen Haager Liederhandschrift,[1] welche auch eine Menge von rein niederländischen und verdeutschten Liedern und Gedichten enthält.

Von den ursprünglichen Liedern verdienen besonderer Erwähnung das schalkhafte *Liedekijn van den Hoede,*[2] das rührende *Het daghet in den Oosten,*[3] Klagelieder auf den Tod von Wenzeslaus von Brabant [1383] und Lodewijc van Male [1384], gedichtet von Jan Knibbe,[4] Wappengedichte vom holländischen Wappenkönig Gelre[5] und unter diesen das berühmte Lied *Van den Ever,* dem Herzoge Jan III. von Brabant zugeschrieben; schliesslich Geschichtslieder, wie das kräftige *Kerelslied* [um 1325],[6] das Lied von *Cortrozijn,* d. h. Segher von Kortrijk [1337],[7] und das Lied von *Geraert van Velzen,* der 1296 den Grafen Floris V. ermordete.[8]

VI. DIE DIDAKTIK DES 13. UND 14. JAHRHS.

§ 19. Reimchroniken. Velthem. Heelu. Stoke. Der unvollendet gebliebene *Spiegel Historiael* Maerlant's wurde fortgesetzt von Philip Utenbroeke aus Damme, der buchstäblich, wiewohl kürzend, die zweite Partie übertrug [36000 vv.][9] und von Lodewijc van Velthem, der 3. Aug. 1315 für eine Antwerpener Edelfrau, Maria van Berlaer, die Übersetzung der vierten Partie vollendete.[10] Velthem war Brabanter, wird in Paris studiert haben, und war, wenigstens bereits 1304, Kaplan von Sichen in der Nähe von Diest, und später, wenigstens von 1312—1316, Pastor zu Velthem in der Nähe von Löwen. Da verfasste er 1316 eine Fortsetzung des *Spiegel Historiael* [30000 vv.],[11] welche in einem lebhaften, jedoch nachlässigen Stile die Weltgeschichte von 1256—1316 enthält, aus Mitteilungen von Augenzeugen und aus allerlei schriftlichen Quellen geschöpft, bisweilen buchstäblich nachgeschrieben ist und dem Herrn [Geraert?] von Voorne gewidmet wurde, dessen Hauspriester er damit zu werden verhoffte. Vielleicht gelang ihm dieses auch; wenigstens vollendete er 1326 die Übersetzung des *Livre du roi Artus* als Fortsetzung des von Maerlant dem Albrecht van Voorne gewidmeten *Merlijns* (s. § 6). Velthem war Brodschreiber, aber nicht ohne Talent; und seine romantische Thätigkeit zeigt, dass er jedenfalls kein ernstlicher Anhänger der Schule Maerlant's genannt werden darf, obgleich er dessen Hauptwerk vollendet hat.

Seinem *Spiegel Historiael* hat er einen Auszug einverleibt aus der *Jeeste van den Slag van Woeringen* [8948 vv.],[12] zwischen 1288 und 1291 gedichtet

---

[1] s. J. Zacher, *ZfdA* I 262 ff. und J. A. Nijland, *Gedichten uit het Haagsche Liederhandschrift,* Leiden 1896.

[2] U. a hrsg. von J. F. Willems, *Oude Vlaemsche Liederen* Nr. 135.

[3] U. a. hrsg. von Hoffmann von Fallersleben *Horae Belg.* II Nr. 16 und F. van Duyse, *Het Oude Ned. Lied* Nr. 20.

[4] Hrsg. von C. P. Serrure, *Vad. Mus.* I 303—308; J. F. Willems l. l. 44—48.

[5] Ausg. von Victor Bouton, Paris und Bruxelles 1881.

[6] U. a. hrsg. von Carton, *Oudvlaemsche Liederen* 154—156. Man beachte noch ein anderes derb malerisches Gedicht *van den Kaerlen* in 15 künstlichen Strophen, hrsg. von E. Verwijs. *Van Vrouwen ende van Minne,* Gron. 1871. 69—77 und später allein hrsg. von Em. Spanoghe Antw. 1884.

[7] In *Liedekensboeck van Jan Roulans,* Antw. 1544 (neu hrsg. von Hoffmann von Fallersleben Hann. 1855) Nr. 16.

[8] U. a. hrsg. von Hoffmann von Fallersleben, *Horae Belg.* II Nr. 3.

[9] Ausg. von Ferd. von Hellwald, M. de Vries und E. Verwijs Leiden 1879.

[10] Nur 2935 vv. sind hrsg. in Maerlants und Utenbroekes *Sp. Hist.;* 2494 vv. liegen noch ungedruckt in einer Hs. der städtischen Bibl. in Gent; s. N. de Pauw, *Versl. en Mededeel. der K. Vlaamsche Academie* II (1888) 381—384. Das Übrige ist noch nicht wieder aufgefunden.

[11] Ausg. von I. le Long Amst. 1727. — [12] Ausg. von J. F. Willems, Brussel 1838.

vom Brabanter Jan van Heelu, einem Bewunderer des Herzogs Jan I. von Brabant, dessen glänzenden Sieg bei Woeringen [1288] er darin mit grosser Anschaulichkeit und Begeisterung erzählte. Als Einleitung gab er einen ziemlich ausführlichen und klaren Überblick der brabantischen Geschichte zwischen 1261 und 1288. Das Gedicht ist der Schwiegertochter des Herzogs, Margaretha von England, gewidmet, damit sie daran die nl. Sprache erlerne. Mit Unrecht hat man Jan van Heelu überdies noch eine Dichtung von dem *Grimbergschen Oorlog* zugeschrieben [12291 vv.],[1] die jedoch wahrscheinlich aus dem 14. Jahrh. stammt und in romantischem nur zu weitläufigem Stile den Heldenkampf der Herren von Grimbergen mit den brabantischen Herzögen im 12. Jahrh. erzählt. Ein in romantischem Geiste bearbeitetes Geschichtswerk war wohl auch die *Historie van Gaver Capeel,* so genannt nach dem demokratischen Feldschrei der Herren aus dem berühmten flämischen Geschlecht von Gavere, deren Geschichte auch erzählt wird in einem, nur handschriftlich überlieferten, sehr ausführlichen französischen Prosawerke. Die gereimte *Historie van Gaver Capeel* wurde in den ersten Jahren des 16. Jahrhs. in Antwerpen von Hendrick Eckert van Homberch gedruckt. Wir kennen das Werk aber nur aus zwei Blättern, welche der Zufall uns von einem Exemplar gerettet hat (220 vv.].[2]

Eine, in historischer Hinsicht überaus wichtige, *Rijmkroniek van Holland*[3] ist verfasst von Melis Stoke, einem Freunde und Bewunderer des Grafen Floris V., später Geheimschreiber des Grafen Willem III. Der erste Teil [3300 vv.] ist eine Übersetzung des *Chronicon Egmundanum,* enthält die Geschichte der holländischen Grafen bis auf 1205 und ist dem Floris V. [† 1296] gewidmet. Diese Schrift ist von Stoke verfasst, um dem Grafen mit historischen Gründen den Beweis zu liefern, dass die holländischen Grafen von königlicher Herkunft waren und das grösste Recht hatten, sich Herren von Friesland zu nennen. Der zweite viel ausführlichere Teil [10000 vv.] führt die Geschichte fort bis auf 1305 und ist von grosser Wichtigkeit, besonders vom Jahre 1256 an, da der Verfasser, der 1305 als schon betagter treuer Diener sein Werk dem jungen Grafen Willem III. mit einer ernstlichen Anrede darbot, in seinem ganzen Buche als ein politisch nicht unbedeutender, wiewohl nicht durchaus unparteiischer Augenzeuge erscheint.[4] Klarheit und historische Wichtigkeit sind die Haupttugenden des Werkes; der zweite Teil hat sogar einigen poetischen Wert. Die Ereignisse, welche dem Verfasser in Einzelheiten bekannt waren, wurden von ihm bisweilen mit dramatischer Anschaulichkeit vorgestellt, und die Bemerkungen, welche er darin machte, veranlassen uns, die Weltweisheit und ausserdem auch den ehrlichen Charakter des Dichters zu erkennen, welcher, obgleich er in der Mitte der Sachen lebte und wirkte, es dennoch verstand, den Verlauf der Geschichte von einem höheren Standpunkte zu beurteilen.

Eine *Vlaemsche Rijmkroniek* (10569 vv.),[5] welche die flämische Geschichte vom Anfang an erzählt, hat der Form nach gar keine Bedeutung, des Inhalts wegen nur wenig. Nur der letztere (dritte) Teil (von v. 8859 an), der die Geschichte der Jahre 1350 bis 1405 enthält, wird das Werk eines Zeitgenossen, vielleicht eines Augenzeugen sein.

---

[1] Ausg. von C. P. Serrure und Ph. Blommaert Gent 1852—54.
[2] Hrsg. von W. de Vreese *Tijdschrift* XIII 235—247.
[3] Ausg. von B. Huydecoper Leiden 1772; W. G. Brill Utrecht 1885.
[4] s. Jan te Winkel, *Historische Avonden* (Gron. 1896) 36—85.
[5] Ausg. von E. Kausler Tübingen 1840.

Aus späterer Zeit datiert das Gedicht *Keyser Frederijc ende die hertoge Karel te Triere in 1473* (540 vv.),[1] das die Feierlichkeiten bei der bekannten Zusammenkunft des Kaisers Friedrich III. mit Karl dem Kühnen zu Trier beschreibt.

§ 20. Maerlant's Schule. Jan Boendale. Der von Maerlant angewiesenen Richtung folgten im 14. Jahrh. bald viele andere, unter welchen Jan (van) Boendale der vorzüglichste war. Er wurde zwischen 1280 und 1290 geboren in Tervueren, war ein halbes Jahrhundert lang, wenigstens von 1312—1358, Kanzleischreiber der Stadt Antwerpen, und ist wahrscheinlich 1365 gestorben. In seinen Werken zeigt sich am besten der Geist der Maerlant'schen Schule, und niemand verehrte mehr als er den grossen Meister, den er bestimmt allen Dichtern als Muster vorstellte, da er in ihm die, seiner Meinung nach notwendigsten Erfordernisse für den wahren Dichter vereinigt vorfand: Gewalt über die Sprache, Wahrheitsliebe und Uneigennützigkeit [s. *Lsp.* III, 15: der erste, kurze Versuch einer Kunstlehre in nl. Sprache.]

Von seinem Werke *De Brabantsche Yeesten* [15120 vv.][2] ist der erste ausführlichere Teil 1316 oder 1317 verfasst auf Veranlassung des Schultheissen von Antwerpen, Herrn Willem Bornecolve, und zum grösseren Teil fast buchstäblich dem *Sp. Hist.* Maerlant's entlehnt. Es umfasst die brabantische Geschichte bis 1316. In einem zweiten, viel wichtigeren und ursprünglichen Teil führte Boendale die Geschichte weiter bis 1347. Ein unbekannter Diener des Herzogs Jan IV. fügte, 1432 und 1441, noch zwei weitschweifige Fortsetzungen dem Werke Boendale's hinzu [30168 vv.],[3] welche die Geschichte Brabants bis 1430 enthalten.

Boendale's zweites und vorzüglichstes Gedicht war *Der Lekenspiegel* [21818 vv.],[4] eine kurze Encyclopädie der Kirchengeschichte, Liturgie und Sittenlehre, zwischen 1325 und 1330 verfasst für Rogier van Leefdale († 1333), dem er auch, vermutlich 1331, sein in fesselndem Stile geschriebenes Gedicht *Jans Teesteye,* d. h. *Jan Boendales Überzeugung* widmete [4102 vv.],[5] ein Zwiegespräch, in welchem er seine frühere Behauptung von dem sozialen und moralischen Fortschritt verteidigt, es jedoch nachdrücklich betont, dass er für die Verbesserung des menschlichen Daseins mehr erwartet von den Grosshändlern und Bauern als von dem entarteten Adel und der verdorbenen Geistlichkeit, indem er — diesmal im Widerspruch zu seinem Meister Maerlant — das weibliche Geschlecht furchtbar tadelt und hinter das männliche weit zurückstellt. Schliesslich haben wir im Gedicht *Van den derden Edewaerd* [2018 vv.][6] ein wichtiges Fragment eines grösseren Dichtwerks, in welchem Boendale den Kriegszug Eduards gegen Frankreich, wenigstens von 1338—1347, erzählt haben wird. Ein anderes kleines Fragment (193 vv.), *Die stryt van Crecy,*[7] ist offenbar von einem Feinde des englischen Königs verfasst und also Boendale abzusprechen; auch hat er nichts davon in seine *Brab. Yeesten* aufgenommen, welchen 218 vv. von dem Gedichte *Van den derden Edewaerd* fast buchstäblich eingeschaltet sind.

Noch schreibt man mit grösserem oder geringerem Recht Boendale den *Melibeus* zu, ein Buch über kluge Selbstbeherrschung im Unglück,

[1] Ausg. von H. E. Moltzer Gron. 1890.
[2] Ausg. von J. F. Willems Brüssel 1839.
[3] Ausg. von J. F. Willems und J. H. Bormans Brüssel 1843—69.
[4] Ausg. von M. de Vries Leiden 1844—48.
[5] Ausg. von F. A. Snellaert, *Ned. Gedichten uit de 14 eeuw,* Brüssel 1869, 137—286.
[6] Ausg. von J. F. Willems, *Belg. Museum* IV 298—367.
[7] Hrsg. von D. J. van der Meersch, *Belg. Museum* VIII 254—260.

1342 in Antwerpen aus dem Latein von Albertanus von Brescia übersetzt, und das *Boec van der Wraken,* zwischen 1351 und 1356 in Antwerpen verfasst mit der Absicht, aus der früheren und besonders auch aus der späteren Geschichte durch Beispiele nachzuweisen, dass Gott die Sünde der Fürsten und Völker bestraft.[1] Sehr wahrscheinlich ist nicht von Boendale die *Dietsche Doctrinale*, eine, 1345 aus lateinischen Quellen geschöpfte, Religions- und Sittenlehre in drei Büchern [6673 vv.].[2]

§ 21. Übrige Schüler Maerlant's. Andere Lehrdichter aus Maerlant's Schule, welche die Strophenform wählten, waren Jan Praet mit seiner, besonders der künstlerischen Form wegen hervorragenden, zum grösseren Teil bewahrt gebliebenen *Leeringhe der Zalicheide* [noch 4930 vv.],[3] Gielijs van Molhem, der in der Strophenform des Ursprünglichen eine nicht sehr gelungene Übersetzung des satirischen Gedichts *Miserere* des Renclus de Moiliens begann, welche später mit mehr Geschick fortgesetzt wurde von einem gewissen Henric, aber entweder auch von diesem nicht vollendet wurde oder uns nur unvollständig erhalten ist [1451 vv.],[4] und Jan de Weert, ein «Clerc in surgyen te Ypre». Letzterer verfasste drei strophische Zwiegespräche, *Disputacie van Rogiere ende van Janne* [1872 vv.],[5] die, was die Form und den Inhalt angeht, Maerlant's *Martijns* nachgebildet sind und handeln von den Mitteln, die der Mensch anwenden muss, um mitzuarbeiten zu seiner Seligkeit, welche Gottes Gnade ihm verleiht. Vor dieser Dichtung, wohl im Jahre 1351, hatte De Weert bereits ein scharf tadelndes aber unterhaltendes Straf- und Lehrgedicht geschrieben, *Nieuwe Doctrinael* oder *Spiegel der Sonden* [3000 vv.],[6] das Werk eines Pessimisten, das uns ein überaus hässliches Sittenbild des 14. Jahrhs. giebt.

Ein viel ausführlicher, die ganze Sittenlehre umfassender *Spiegel der Sonden*[7] ist vollständig nur in mittelniederdeutscher Umschreibung erhalten, konnte aber leicht als ursprünglich niederländisch nachgewiesen werden.[8] Thatsächlich sind von dieser Dichtung jetzt auch Fragmente in rein niederländischer Sprache bekannt.[9] Dass der uns unbekannte Verfasser Maerlant's Schriften gelesen und benützt hat, ist unzweifelbar. In diesem Lehrgedicht wird u. a. auch von der Beichte gehandelt. Anfang und Schluss eines besonderen *Boec van der Biechten*[10] (nur 117 vv.) besitzen wir auch von Martijn van Torout, der im 13. Jahrh. gelebt haben soll.

In stark hochdeutsch gefärbter Sprache ist das Gedicht *Die X Plaghen ende die X Ghebode*[11] (2589 vv.) abgefasst. Grössere Reinheit der Sprache und Beherrschung der Versform sind zu loben an der Übersetzung der *Visio Philiberti* unter dem Titel *Van der Zielen ende van den Lichame*[12]

---

[1] Beide Werke sind hrsg. von F. A. Snellaert, *Ned. Gedichten uit de 14 eeuw,* Brüssel 1869, 1—136, 287—492.

[2] Ausg. von W. J. A. Jonckbloet, 's-Grav. 1842.

[3] Ausg. von J. H. Bormans Brüssel 1872.

[4] Ausg. von C. P. Serrure, *Vaderlandsch Museum* III 225—286 und P. Leendertz Jr. Gron. 1893.

[5] Ausg. von E. Kausler, *Denkmäler* III 14—82.

[6] Ausg. von Ph. Blommaert, *Oudvlaemsche Gedichten* II, Gent 1851.

[7] Ausg. von J. Verdam Leiden 1900. — [8] Von Jan te Winkel, *Tijdschrift* XII 25—40.

[9] Ausg. von H. E. Moltzer, *Tijdschrift* VII 292—302 und Nap. de Pauw, *Mnl. Gedichten en Fragmenten,* (Gent 1893—97) 406—486.

[10] Ausg. von Nap. de Pauw, *Mnl. Gedichten en Fragmenten,* 390—394.

[11] Ausg. von F. A. Snellaert, *Ned. Gedichten uit de veertiende eeuw* (Brüssel 1869), 551—638.

[12] Ausg. von Ph. Blommaert, *Theophilus* (Gent 1836, 1858), 38—43; vgl. *Belgisch Museum* II 57—77 und Nap. de Pauw, *Mnl. Gedichten en Fragmenten,* 294—298.

(86 vierzeilige Strophen) und an dem dialogischen Gedicht *Dietsche Lucidarius*[1] (6332 vv.), bereits vor 1353 aus dem Lateinischen von Anselmus übersetzt, das von der Kirchenlehre, namentlich von der Prädestination handelt, und weiter auch von sozialen Übeln, von dem Leben nach dem Tode und den jüngsten Zeiten. Ein kürzerer Dialog ist die *Samenspraeck tusschen de Schriftuere ende enen jongelinc*[2] (396 vv.). Ein drittes Zwiegespräch heisst in der Handschrift *Dit sijn Seneka leren,*[3] ist aber eine «Tweespraec tusscen enen Vader ende sinen Sone over alrehande swaer gheval» (775 vv.). Die Quelle dieses Gedichts ist das Büchlein *Excerpta quaedam e libris Senecae* oder Seneca's *De Remediis Fortuitorum*.

Die niederländische Literatur hat eine grosse Anzahl von Spruchsammlungen aufzuweisen. Schon im 13. Jahrh. kannte Maerlant[4] eine noch jetzt in verschiedenen Redaktionen erhaltene, aber nicht sehr gelungene Übersetzung der *Disticha Catonis*.[5] Eine sehr beachtungswerte Spruchsammlung, *Die bouc van Seden*[6] (1118 vv.), worin gelehrt wird, wie ein gebildeter Mensch sich in der Gesellschaft benehmen soll, besonders bei der Mahlzeit, ist, wie der uns unbekannte Verfasser sagt, «getrect uter scrifture harentare», zum grösseren Teil aber aus dem *Liber Facetus*, der auch die Quelle einer anderen Sammlung *Van Zeden*[7] (528 vv.) ist. Zu derselben Gattung gehört noch *S. Bernaerdus epistele tote Raymonde den riddere, hoe men een huus regieren sal met eeren zaleghelic*[8] (290 vv.), von einem Fläminger, der sich Frans nennt, übersetzt aus dem Lateinischen des Utrechter Clericus Bernardus Sylvester, welcher um 1110 lebte. Zwei Sammlungen haben wir, die ganz oder teilweise aus Vrîdanc's *Bescheidenheit* geschöpft sind.[9] Aus dem Französischen von (Bernard) Sauvage oder Le Sauvage ist *Dit es Doctrinael Sauvage*[10] (130 vv.) übersetzt. Weiter haben wir *clein notabel verskine*[11] (1044 vv.), *Proverbien van den wisen Salomone*[12] (21 achtzeilige Strophen), *Der goeder leiken regel*[13] (300 vv.) und noch zwei andere Spruchsammlungen.[14]

Auch die Naturwissenschaften sind von mehreren Dichtungen vertreten. Das bekannteste und wichtigste astronomische Gedicht, die *Natuurkunde des Geheelals*[15] (1890 vv.) ist zum grösseren Teil aus dem *Almagest* von Ptolemäus-Alferghani geschöpft von einem Dichter aus Gent. Ein gewisser Heinric van Hollant schrieb ein Gedicht von *Die Cracht der*

[1] Ausg. von Ph. Blommaert, *Oudvlaemsche Gedichten* Gent 1851.
[2] Ausg. von Nap. de Pauw, *Mnl. Gedichten en Fragmenten*, 669—683.
[3] Ausg. von W. H. D. Suringer, Leiden 1895. — [4] Maerlant, *Sp. Hist.* I[5], 73 vs. 51 ff.
[5] Ausg. von E. Kausler, *Denkmäler* II 600—610, von Jonckbloet, Leiden 1845 (nach einer alten Ausg. von Henrick Eckert van Homberch, Antw. o. J.), von D. J. van der Meersch Gent 1846, von J. H. Halbertsma, *De Jager's Nieuw Archief* 1855—56, 237—258, von C. P. Serrure in *Baghijnken van Parijs*, Gent 1860, und von A. Beets Gron. 1885.
[6] Ausg. von W. H. D. Suringar, Leiden 1891; vgl. Jan te Winkel, *Dietsche Warande* N. Reeks V 60—76.
[7] Ausg. von W. H. D. Suringar Leiden 1892.
[8] Ausg. von E. Kausler, *Denkmäler* III, 1—15, 397—406.
[9] Ausg. von W. H. D. Suringar, *Handel. der Maatsch. der Ned. Lett.* 1885 und 1886; vgl. Jan te Winkel, *Tijdschrift* V 310—330, H. Brandes, *ZfdA* XXXIV 53—55.
[10] Ausg. von E. Kausler, *Denkmäler* III 177—181.
[11] Ausg. von J. F. Willems, *Belg. Museum* I 101—136; vgl. J. Verdam, *Tijdschrift* III 177—183.
[12] Ausg. von C. P. Serrure, *Vaderl. Museum* II 171—175.
[13] Ausg. von Nap. de Pauw, *Mnl. Gedichten en Fragmenten*, 234—244.
[14] Ausg. von J. Verdam, *Tijdschrift* XII 97—111, XVI 306—309.
[15] Ausg. von J. Clarisse Leiden 1847.

Mane[1] (384 vv.). Von einer gereimten Abhandlung über die astrologische Bedeutung der zwölf Sternbilder des Tierkreises ist nur ein kleines Bruchstück (167 vv.) bewahrt geblieben.[2] Zwei Fragmente von Gedichten, welche den Namen *Physiologus* tragen möchten,[3] handeln von der Entstehung und der Geburt des Menschen. Ein gereimtes Lehrbuch für Hebammen, *Der Vrouwen Heimelycheit*[4] (1782 vv.), ist vollständig erhalten, wie auch ein gleichartiges gereimtes Traktat, *Der Mannen ende Vrouwen Heimelijcheit*[5] (2335 vv.). Schliesslich ist noch eine *Cyromanthie*[6] (582 vv.) von einem uns unbekannten «Pape van den Hamme» zu erwähnen.

§ 22. Boerden und Sproken. Die meisten von den genannten Lehrdichtern, vorzüglich Jan Boendale in dem dritten Buche seines *Lekenspiegels,* bemühten sich, ihren Lehren Nachdruck zu verleihen und sie dem Volke zugänglich zu machen durch Einschaltung von kurzen Erzählungen, welche sie *Bispele* oder *Exemple* nannten. Dergleichen moralische Erzählungen wurden auch für sich allein vorgetragen von denjenigen Minstrels, die unter dem Namen *Sprekers* (Sprecher) oder *Zeggers* bekannt sind. Diese Leute «sprachen» jedoch in den Herrenhöfen oder im Bürgerkreise mithin auch andere nicht eben moralische, kurze, epische Gedichte, welche *Boerden* hiessen, wenn sie komischer Art waren, und *Sproken,* wenn sie einen ernsten Inhalt hatten. Meistens sind es Übersetzungen von franz. *Dits* oder *Fablels.*[7]

Die *Boerden* sind nicht viel mehr als oft sehr rohe, unzüchtige Anekdoten, welche durch derben Witz zu gefallen suchen. Die besten sind: *Wisen Raet van Vrouwen* von Pieter van Iersele, das den Stoff von Boccacio's *Decamerone* III. 3 behandelt,[8] *Van tween clerken,* aus der nämlichen Quelle wie Boccacio's *Decamerone* IX. 6,[9] *Van enen man die lach gheborgen in ene scrine,*[10] *Van den man die gherne dranc,*[11] *Van drie Gesellen, die den Bake stalen,*[12] *Van drien papegayen,*[13] und *Van Lacarise.*[14]

Unter den ernsten *Sproken* verdienen Erwähnung: *Die Borchgravinne van Vergi,* nach dem Franz.,[15] *Van tween kinderen die droeghen ene starcke*

---

[1] Ausg. von J. Clarisse, *Verslagen en Berigten der Vereen. voor Oude Ned. Lett.* IV (1847) 5—19. Denselben Stoff behandeln noch zwei andere Gedichte, hrsg. von Nap. de Pauw, *Mnl. Gedichten en Fragmenten,* 205—233.

[2] Ausg. von J. Verdam, *Tijdschrift* XI 299—305.

[3] Ausg. von W. de Vreese, *Tijdschrift* XI 63—71 und Nap. de Pauw, *Mnl. Gedichten en Fragmenten,* 191—202.

[4] Ausg. von Ph. Blommaert Gent 1846.

[5] Ausg. von Nap. de Pauw, *Mnl. Gedichten en Fragmenten,* 121—190.

[6] Ausg. von Nap. de Pauw, *Mnl. Gedichten en Fragmenten,* 272—289.

[7] Die meisten befinden sich im *Vaderl. Museum, Belg. Museum,* in der *Dietsche Warande* oder bei E. Verwijs, *Dit sijn X goede boerden,* 's-Grav. 1860.

[8] Ausg. von J. F. Willems, *Belg. Museum* II 108—114.

[9] Ausg. von E. Verwijs, *X goede boerden,* 11—18; franz. von Jehan Bedel bei An. de Montaiglon, *Recueil général* I 238—244.

[10] Ausg. von E. Verwijs, *X goede boerden,* 1—3; vgl. Boccacio, *Decamerone* VIII 8 und Le Grand d'Aussy, *Fabliaux et Contes* II 266 ff.

[11] Ausg. von J. F. Willems, *Belg. Museum* X 51—57.

[12] Ausg. von J. F. Willems, *Belg. Museum* X 69—76; franz. bei An. de Montaiglon et G. Raynaud, *Recueil général* IV 93—111.

[13] Ausg. von C. P. Serrure, *Vad. Mus.* I 47—50 und Jan te Winkel, *Romania* XIX (1890) 109—112.

[14] Ausg. von E. Verwijs, *X goede boerden* 19—22; franz. von Jehan de Bedel bei An. de Montaiglon, *Recueil général* IV Nr. 109 S. 331 und Le Grand d'Aussy, *Fabliaux et Contes* IV 324 ff.

[15] Ausg. von S. Muller Hz, Leiden 1873 und von F. A. Stoett, Zutphen 1892, der auch das grosse Fragment einer anderen Fassung derselben Sproke in seine Ausgabe mit aufnahm; franz. bei Méon-Barbazan, *Fabliaux et Contes* IV 296—326.

Minne [Pyramus und Thisbe],[1] *Van enen ridder, die God sine sonden vergaf,*[2] nach dem Lateinischen, wie der Verfasser Colpaert sagt, *Van tween ghesellen die elc voer andren sterven wilden,*[3] die bekannte, aus der *Disciplina clericalis* von Petrus Alfonsus geschöpfte orientalische Geschichte der treuen Freundschaft, *Tgoede wijf maect den goeden man ende de goede man maect tgoede wijf,*[4] die sonderbare, freilich zu grobe Enttäuschungsgeschichte eines leichtsinnigen Eheweibs, *Van den ouden ridder ende den jonghen,*[5] *De mantel van Eren,*[6] *Van tween blinden,*[7] *Van den negen besten*[8] und *Van der Feesten,*[9] ein Lehrgedicht über die Liebe in der Form einer Sproke. Ausserdem sind viele Sproken in allegorischer Form gedichtet, z. B. *Van den Eenhoren,*[10] von einem gewissen Lodewike der Geschichte von Barlaam und Josaphat entlehnt, *Den Hoet van Minnen,*[11] *De Boem van Minnen,*[12] *Vrou Venus Biechte,*[13] *Van den plucten spoerwaer*[14] u.s.w. Historischen Wert hat das Gedicht *De Maghet van Ghend,* um 1381 verfasst von Bouden van der Lore, der auch ein satirisches Gedicht, *Dits Tijtverlies,* und ein ergötzliches Wunschgedicht, *Achte personen wenschen,* schrieb.[15] Im dialogischen Gedicht *Deen ghesellen calengiert den anderen die wandelinge,*[16] in welchem der Verfall der Kunst beklagt, die Menestraudie dennoch als der unabhängigste und lustigste Beruf gepriesen wird, werden unter den berühmtesten wandernden Sprechern der früheren Zeit Gielis van Trecht, Jan van Lier und Meister Jan metter huven mit Namen genannt. Andere Spruchdichter sind: Willem van Delft, erwähnt von 1331 bis 1337, Pieter Vreugdegaer von Breda, 1362—66, Jan van Mechelen, 1365—88, Jan van Raemsdonck, 1385—93, Jan van Hollant und vorzüglich Augustijnken van Dordt, der ca. 1355—68 meistens im Dienste des Grafen von Blois, Jan von Chatillon, seine Gedichte vortrug, zum grössten Teil allegorischen Inhalts, wie u. a. *Van den Scepe* [ein politisches Klagegedicht], *De Borch van Vroudenrijc* [allegorische Beschreibung des Kopfes einer Jungfrau], *Vijf poenten van Eeren* u. s. w.[17]

Noch grösseren Ruhm als dieser erntete Willem van Hildegaersberch, von dem 120 Gedichte erhalten sind, und der von ca. 1375 bis zu seinem Tod, 1408 oder 1409, öfters am Hofe von Holland «vor Albrecht und Willem VI. sprach». Dass er den Einfluss der Maerlant'schen Dichtung erfuhr, ist unzweifelbar; ganze Sätze aus Boendale's Werken trifft man

[1] Ausg. von Ernst Martin *ZfdA* XIII 348—359 und J. Verdam, *Taalk. Bijdr.* I 244—254.

[2] Ausg. von C. P. Serrure, *Vaderl. Museum* I 50—57; franz. *Le chevalier au barizel* bei Méon-Barbazan, *Fabliaux et Contes* I 208 ff.

[3] Ausg. von E. Kausler, *Denkmäler* III 165—176.

[4] Ausg. von J. F. Willems, *Belg. Museum* X 62—64.

[5] Ausg. von J. F. Willems, *Belg. Museum* VIII 96—102.

[6] Ausg. von J. F. Willems, *Belg. Museum X* 64—69.

[7] Ausg. von C. P. Serrure, *Vaderl. Museum* I 45—47.

[8] Ausg. von E. Kausler, *Denkmäler* III 141—161. Ein viel ausführlicheres Gedicht *Van den IX besten* ist hrsg. von Nap. de Pauw, *Mnl. Gedichten en Fragmenten* (Gent 1897) 602—635. Es ist ca. 750 vv. lang.

[9] Ausg. von E. Verwijs, *Van Vrouwen ende van Minne,* Gron. 1871, 1—33.

[10] Ausg. von C. P. Serrure, *Vad. Museum* I 314—316.

[11] Ausg. von C. P. Serrure, *Vad. Museum* I 384—386.

[12] Ausg. von C. P. Serrure, *Vad. Museum* I 397—401.

[13] Ausg. von J. van Vloten, *Dietsche Warande* VII 384—390.

[14] Ausg. von J. van Vloten, *Dietsche Warande* VII 383 f.

[15] Ausg. von Ph. Blommaert, *Oudvlaemsche Gedichten* II 105—113.

[16] Ausg. von J. F. Willems, *Belg. Museum* VII 318—324.

[17] Ausg. von Ph. Blommaert, *Oudvlaemsche Gedichten* III 105 ff. und J. van Vloten, *Dietsche Warande* VII 391 ff.

sogar bei ihm an. Übrigens war seine Bücherkunde nur sehr gering; aus dem Lateinischen liess er sich aber bisweilen von Andern etwas übersetzen. Seine Gedichte[1] sind meistens religiöse und moralische Betrachtungen, oft in allegorischer Weise vorgestellt [*Van den Doerne ende van der Linde, Van den Aventuer, Van Ere, Van der wankelre Brugghe, Van der drierehande Staet der Werlt* u. s. w.] oder politische Gedichte [*Van der Rekeninghe, Van den Corencopers* u. s. w.] oder historische Erzählungen [*Van den Sloetel, Van tregement van goeden Heren, Van drien Coeren, Hoe deerste Partyen in Hollant quamen, Van der Wrake Goeds* u. s. w.]. Einige sind satirischer Art [*Van der heligher Kercken, Van meer, Van den Meerblade* u. s. w.], andere sind Tierfabeln [*Van den Serpente, Van Reynaert ende van Aven* u. s. w.], andere ergötzliche Boerden [*Van den Paep, die syn Baeck gestolen wart, Van den Monick, Van den Waghen*].

§ 23. Dirc Potter. Sein jüngerer Zeitgenoss war Dirc Potter [geb. um 1370], der von 1403 bis zu seinem Tod [1428] Geheimschreiber einer ganzen Reihe von Fürsten war, von Albrecht, Willem VI., Jacoba, Jan von Baiern und Philipp von Burgund, und der in dieser Stelle oft mit wichtigen Sendungen beauftragt wurde, u. a. einmal in den Jahren 1411 und 1412 nach Rom. Daselbst schrieb er sein ausführliches Lehrgedicht, *Der Minnenloep* [11138 vv.].[2] In vier Büchern handelt er darin von der Minne, nämlich 1. von der närrischen, 2. von der guten, d. h. höfischgalanten, 3. von der unerlaubten, 4. von der erlaubten, d. h. ehelichen Minne. Durch die verhältnismässig moralische Tendenz bildet das Werk einen merkwürdigen Gegensatz zum *Roman de la Rose,* und durch die Weltfreude zugleich einen komischen Kontrast zur Liebeslehre der Mystiker.

Dass Potter seine Leser zu fesseln vermag, verdankt er den 57 kurzen Geschichten, die als «Exemple» die Lehre bestätigen sollen und zur Hälfte den *Heroides* und *Metamorphoses* Ovids entnommen sind. Die Quellen der anderen Geschichten sind das klassische Altertum und die Bibel, bisweilen auch ein Roman [z. B. *Tristan und Isolde,* II. 3613—3636] oder eine Sproke [z. B. von *Die Borchgravinne van Vergi,* II. 430—586 und von *Griseldis*, deren Geschichte hier aber unter anderen Namen vorkommt, nl. als Erzählung von Orphaen und Lympiose, IV. 1095—1266], bisweilen eine Boerde [z. B. «Van Roeseboem» IV. 1971—2032],[3] oder eine Überlieferung, wie es der Fall ist mit zwei Erzählungen (I. 2515—2686, II. 3207—3289), welche wir später im Volksbuche von Vergil wiederfinden (s. § 39). Nur selten lieferte die neuere Geschichte ihm den Stoff seiner Exemple; doch findet sich bei ihm die tragische Geschichte des holländischen Grafen Floris IV. und der Gräfin von Clermont (II. 829—931). Die kurzen, lebhaft erzählten Geschichten machen die Dichtung zu einer der besten in der nl. Literatur des Mittelalters. Aus seiner Ehe mit Lysbeth van der Does hatte Potter einen Sohn Geryt, dem wir später gleichfalls als Schriftsteller begegnen werden (s. § 37).

VII. DIE MITTELALTERLICHE PROSA.

§ 24. Erbauliche und moralisierende Prosa. Wer im Mittelalter sich in den Niederlanden der Prosa bediente, that es anfangs bloss um zu lehren, zu erbauen oder etwas mitzuteilen, und erst später wurde sie

[1] Ausg. von W. Bisschop und E. Verwijs. 's-Grav. 1870.

[2] Ausg. von P. Leendertz Wz. Leiden 1845—47. Vgl. Jan ten Brink, *Nederland* 1888 II 357—404.

[3] Es ist der Schwank *Meunier d'Arleux* von Enquerrant d'Oisy bei An. de Montaiglon et G. Raynaud, *Rec. Général* II Nr. 33, S. 312.

allmählich auch einigermassen für rein literarische Zwecke als brauchbar erachtet. Dem Einfluss der Renaissance verdankte sie zuerst ihre literäre Bedeutung. Auch blieb die Reimform anfangs die vorherrschende, und ausser den Urkunden (s. § 1) sind keine Prosaschriften ins 13. Jahrh. zu datieren, vielleicht aber weil das 13. Jahrh. uns nur spärliche Handschriften überliefert hat und in den meisten Fällen nur die Datierung der Handschriften einen Anhaltspunkt bietet, um die Abfassungszeit der Schriften selbst festzustellen.

Nichtsdestoweniger ist im Mittelalter auch — sei es im Dienste der Didaktik oder der Religion — vorzügliche Prosa geschrieben.[1] Sogar darf man sagen, dass die niederländische Sprache sich inniger, natürlicher, lebendiger zeigt in der Prosa, als in der meistens zu steifen oder künstlerischen Reimform, welcher die meisten Dichter noch nicht gewachsen waren, indem die Prosaschriftsteller leichter die ihrer Stimmung und Gesinnung angemessene Form zu finden wussten.

Unter den Prosaschriften ragen die Predigten (*Sermoenen* oder *Collaciën*) hervor, deren einfache, innige Frömmigkeit noch jetzt eine grössere Wirkung thut, als die künstlerischste Beredsamkeit es vermöchte zu thun. Auch hier gebührt Limburg, in chronologischer Hinsicht, der Vorrang. Aus dem zweiten Viertel des 14. Jahrhs. haben wir 48 *Limburgsche Sermoenen,*[2] welche aber nicht ursprünglich niederländisch, sondern buchstäblich aus einer mittelhochdeutschen Vorlage[3] in die limburgische Mundart übersetzt sind. Aus späterer Zeit sind mehrere, auch ursprüngliche, *Sermoenen* überliefert;[4] ein *Driekoningensermoen*[5] (in einer Handschrift des Schwesterkonvents zu Weesp), ist zu den schönsten der uns bewahrt gebliebenen Predigten zu rechnen.

Die vorzüglichste Prosa schrieben die Mystiker, mit Jan van Ruusbroec an der Spitze.[6] Er wurde 1294 geboren im Dorfe Ruusbroec zwischen Brüssel und Halle. Nachdem er als Kind seiner Mutter entlaufen war, wurde er 1318 Priester und bald darauf Kaplan bei der St. Gudelakirche in Brüssel. Im Jahre 1344 wurde eine Kapelle im Walde von Soignies, unweit Brüssel, in dessen Nähe Ruusbroec mit einigen Freunden eine Hermitage eingenommen hatte, geweiht, und 1349 erblühte daraus das Chorherrenkloster Groenendael, wo er als Prior bis zu seinem Tode [2. Dec. 1381] ein musterhaftes Leben führte, seiner Frömmigkeit wegen berühmt und von vielen in- und ausländischen Mystikern, wie z. B. Tauler von Strassburg, besucht, welche zu ihm hingezogen wurden durch seine in fesselndem, fast dichterischem Stile verfassten mystischen Werke, von denen uns ein Dutzend bewahrt geblieben ist.[7] Sein Hauptwerk ist *Die Chierheit der gheesteleker Brulocht* [1350], seine ausführlichste Schrift *Dat Boec van den gheesteliken Tabernacule.* In seinem *Boec van den twaelf Beghinen* trat er der Sittenverderbnis in der Kirche entgegen. In *Dat Boec der hoochster Wijsheit* oder *Samuel* verteidigte er die Grundsätze

[1] Eine gute Auswahl gab J. van Vloten, *Ned. Proza van de 13 tot de 18 eeuw,* I Leiden, Amst. 1851.

[2] Ausg. von J. H. Kern Gron. 1895; vgl. J. H. Kern, *Tijdschrift* XIII 144—150.

[3] Vgl. W. Wackernagel, *Altdeutsche Predigten und Gebete,* Basel 1876, 541 ff.

[4] Eine Auswahl in F. H. G. van Iterson, *Stemmen uit den voortijd,* Leiden 1857.

[5] Zum Teil hrsg. von J. van Vloten, *Ned. Proza,* 76*—80*.

[6] s. Friedrich Böhringer, *Die deutschen Mystiker,* Zürich 1855, 442—661, A. A. van Otterloo, *Johannes Ruysbroeck,* Amst. 1874 und Alfred Auger, *De doctrina et meritis Joannis van Ruysbroeck,* Lovanii 1892.

[7] Ausg. von J. David, Gent 1857—69 VI T; vgl. W. de Vreese, *De Handschriften van Jan van Ruusbroec's werken* I Gent 1900.

seiner Mystik. Die anderen Schriften Ruusbroec's sind: *Die Spieghel der ewigher salicheit* (1359 verfasst), *Dat boec van seven sloten,* «Jonckvrouwe Mergriete van Meerbeke, cantersse des cloesters van Sinte Claren te Brusele» gewidmet, *Van seven trappen in den graet der gheesteleker minnen, Dat boec van den twaelf Dogheden, Dat boec van den Rike der ghelieven, Dat boec van den vier becoringhen, Dat hantvingherlijn oft van den blickenden steene,* und das kleine Büchlein *Van den kerstenen ghelove.*

Seinen grössten Bewunderer und Lobredner fand er im Laienbruder Jan van Leeuwen von Afflighem, dem Küchenmeister des Groenendaler Konvents,[1] der, wiewohl ganz ohne literäre Bildung, mehrere mystische Schriften, zum Teil in gereimter Prosa, verfasst hat, welche nur für Eingeweihte oder Naivitätsbewunderer geniessbar sind.

Einer von Ruusbroec's liebsten Schülern, der monatelang bei ihm verbrachte, war der berühmte Geryt de Groote [geb. in Deventer Oct. 1340, † daselbst 20. Aug. 1384], der Stifter der «Brüderschaft des gemeinsamen Lebens», auf dessen Veranlassung auch die, 1395 vom Papste befestigte, Windesheimer Congregation gestiftet wurde.[2] Als Sittenlehrer machte er sich vorzüglich bekannt, beliebt und verhasst, aber durch seine Übersetzung liturgischer Schriften[3] veranlasste er seine Nachfolger auch ihre eigenen religiösen Schriften niederländisch abzufassen. Eine ergiebige und wichtige mystische Literatur war davon im 15. Jahrh. die Frucht.

Zwölf devote Büchlein in der Schreibart Ruusbroec's verfasste Hendrik Mande, um 1360 in Dordrecht geboren,[4] bis 1391 Geheimschreiber Wilhelms von Oostervant, und seit 1395 Windesheimer Mönch, bis er 1431 starb. Acht schöne Collatien besitzen wir (jedoch nur in Rudolf Dier's Umarbeitung überliefert) von Jan Brinckerinck,[5] um 1359 in Zütfen geboren, seit 1393 Priester und Rektor des «Meester-Geertshuis» in Deventer, wo er am 26. März 1419 verschied, nachdem er 1403 den Frauenkonvent zu Diepenveen gestiftet hatte.

Neben ihm erwähnen wir Dr. Dirck van Delft, Dominikanermönch und Hauspriester des Herzogs Albrecht, der 1404 seine *Tafel van der kerstenre ghelove* schrieb, und vorzüglich Johannes Brugman,[6] den seiner Beredsamkeit wegen noch immer sprichwörtlich gebliebenen Minoriten. Dieser wurde um 1400 in Kempen bei Köln geboren, war später Mönch im Observantenkloster zu St. Omer, predigte von ± 1450 an in den Niederlanden, wurde 1462 Pater provinzial der Minoritenprovinz Köln und starb 1473 im Kloster zu Nijmegen. In der Volkssprache schrieb er nur eine *Devote Oefeninge der kijnsheit, des middels ende des eyndes ons Heren Christi* und zwei liebliche devote Lieder mit dem Anfang «Ick heb ghejaecht al mijn leven lanc al om een joncfrou schone» und «Met vreuchden willen wi singen ende loven die Triniteyt».[7] Unter den lateinischen

---

[1] s. Henricus de Pomerio, *De Origine monasterii Viridis Vallis;* vgl. J. F. Willems, *Belg. Museum* IX 221—226.

[2] s. G. H. M. Delprat, *Verhand. over de Broederschap van G. Groote,* 2. Ausg. Arnhem 1856 und J. G. R. Acquoy, *Het Klooster te Windesheim* I Utrecht 1875.

[3] s. W. Moll, *Verhand. der Kon. Akad. van Wet.* XIII, 1880, 1—115.

[4] s. G. Visser, *Hendrik Mande,* 's-Grav. 1899.

[5] Ausg. von W. Moll, *Kerkhistorisch Archief,* IV 97—167; vgl. W. Moll, *Kalender voor de Protestanten in Nederland* III (1858) 66—92.

[6] s. W. Moll, *Johannes Brugman,* Amst. 1854. Eine Ausgabe der *Devote Oefeninge* daselbst II 283—407.

[7] Ausg. von J. G. R. Acquoy, *Middeleeuwsche Geestelijke Liederen en Leisen,* 's-Grav. 1888, 8—11.

Schriften Brugman's ist am meisten bekannt die *Vita almae virginis Lidwinae de Schiedam,* welche er nachher noch zweimal (zuletzt 1456) umarbeitete und erweiterte. Seine Hauptquelle für das Leben dieser Schiedamer Heiligen (geb. 1380, † 1433) war *Tleven van Liedwy die maget van Schiedam* (zuerst 1487 in Delf gedruckt), niederländisch abgefasst von Johannes Gerlacus, einem Verwandten der frommen Jungfrau. Auch Thomas a Kempis, dessen *Imitatio Christi* und *Epistolae* niederländisch übersetzt sind, hat lateinisch eine *Vita Lidwinae* verfasst.

Zu den vielen Freunden Brugman's gehörte der bei seinen Zeitgenossen hoch geehrte Dionysius van Leeuwen, geb. zu Rickel bei St. Truyen, der in Köln studierte und 1471 starb als Prior des Karthüserklosters in Roermond. Schon bald nach seinem Tode wurden seine lateinisch abgefassten Schriften auch in niederländischer Übersetzung herausgegeben, nl. *Van den loveliken leven ende staet der echten,* 1479 gedruckt (Ter Goude bi Gher. Leeu), *Die Spieghel der bekeeringen der sondaren ende dat dyalog onser liever vrouwen Maria totten sondaer ende des sondaers tot Mariam,* 1488 gedruckt (Antw. bi Gher. Leeu) und *De vier uterste,* um 1499 herausgegeben (Delf bi Heynrick Eckert).

Sehr gute Prosa bieten uns noch mehrere übersetzte Werke, von welchen ich nur die wichtigsten erwähne. Die Schriften Gregorius des Grossen sind im Mittelalter immer sehr beliebt gewesen. Von seinen *Homilien* und von seiner *Expositio in beatum Job* sind mittelniederländische Übersetzungen handschriftlich bewahrt geblieben; die Übersetzung der *Homilien* datiert aus dem Ende des 14. Jahrhs., die *Expositio* ist im Jahre 1469 übersetzt. Viel mehr noch wurde sein *Dialogus* gelesen, wovon wir wenigstens zwei Übersetzungen besitzen: die erste, welche schon 1388 verfasst wurde, verdanken wir, der Sprache nach zu urteilen, einem Brabanter; die zweite ist im 15. Jahrh. im Osten der Niederlande abgefasst.

Eine Übersetzung des *Libellus contra Judaeum quemdam* des Minoriten Nicolaus de Lyra († 1430) unter dem Titel *De antwerde brueders Claes van Liere jegen eenrande Jode, scalckeleke arguerende jegen Cristum uten woerden der ewangelien, die Matheus bescrijft* findet sich schon in einer Wiener Handschrift von 1394.

Auch das *Solatium ludi schacorum* von Jacobus de Cessolis wurde schon früh von einem gewissen Franconis übersetzt: *Van den Scaecspul.* Die älteste der neun Handschriften, welche uns von dieser Übersetzung bewahrt geblieben sind, ist schon 1403 geschrieben. Zuerst ist das Werk 1479 (Ter Goude von Gheraert Leeu) gedruckt. Dass diese allegorisch-moralisierende Schrift in den Niederlanden sehr beliebt war, ist auch zu schliessen aus der Thatsache, dass Jan van den Berghe aus Brugge von einem Ritter (Roelof van Wtkerke?) veranlasst wurde, ein Gegenstück dazu zu schreiben, das uns handschriftlich und gedruckt (im Jahre 1477 in Lovene von Janne uut Westfalen) bewahrt geblieben ist unter dem Titel *Dat Caetspeel ghemoraliseert in gheesteliken ende waerliken justicien.*[1]

Von Laurent's *Somme le Roy* (1279) machte Jan van Rode (nicht Jan van Brederode), Konvers des brabantischen Kartheuserklosters Seelem (bei Diest) im Jahre 1408 eine nicht ganz vollendete Übersetzung, welche, aus einer anderen in Utrecht verfassten Übersetzung ergänzt, zuerst 1478 (Delft von J. J. van der Meer und M. Yemantszoon) gedruckt wurde.[2]

---

[1] s. F. van Veerdeghem, *Bull. de l'Acad. royale de Belgique,* XXIX 1, 165 f.

[2] s. D. C. Tinbergen, *Des coninx Summe,* Gron. 1900.

De vier uterste, eine Übersetzung von Gerard van Vliederhoven's *Cordiale de quatuor novissimis,* ist um 1425 verfasst und 1483 (in Antwerpen von Mathias Goes) gedruckt. *Dat Sterfboeck,* übersetzt aus dem Traktat *Ars moriendi,* wurde u. A. 1488 zu Delft gedruckt, und das, ursprünglich wohl niederdeutsche, Werk *Der Sielen Troest* im Jahre 1478 (Tsentemertensdijck in Zeelant von Pyeter Werrecoren).

Der Bien Boec, nach dem *Bonum universale de Apibus* von Thomas Cantimpratensis, datiert aus der Mitte des 15. Jahrhs. (älteste Handschrift von 1458) und soll in Utrecht abgefasst sein. Zuerst wurde diese eigentümlich-niederländische Schrift 1488 (in Zwolle von Pieter van Os) gedruckt.

Der (wohl nicht von Nicolaus Pergamenus) in der Mitte des 14. Jahrhs. verfasste *Dialogus creaturarum* ist übersetzt als *Twispraec der Creaturen* und 1481 (Ter Goude von Gheraert Leeu) gedruckt. Von der Schrift *De Conscientia* des Robertus de Sorbona ist eine Übersetzung, das *Cancellierboeck,* handschriftlich in Brüssel bewahrt. Noch sind aus dem Lateinischen *(Apotheca spiritualis sive sororum)* übersetzt *Spiegel der susteren* und *Gheestelike Apteke.* Ausserdem besitzen wir handschriftlich und in alten Ausgaben mehrere Übersetzungen der sehr beliebten Schriften von Bernardus und Bonaventura.

Besondere Beachtung verdient schliesslich noch das wichtige *Boeck van den proprieteyten der dinghen* von Bartholomaeus (de Glanvilla) Engelsman, im Jahre 1485 (in Haerlem, von Jacop Beelaert, geboren van Zerixzee) gedruckt.

§ 25. Evangelien- und Bibelübersetzung. Natürlich ist auch das Leben Jesu oft in Prosa erzählt. Das älteste *Leven van Jezus,*[1] uns u. A. in einer Handschrift von 1332 überliefert, ist in Limburg aus dem Lateinischen von Victor von Capua übersetzt in einer durch Einfalt fesselnden Sprache. Eine zweite Evangelienharmonie von 1360: *Die Evangelien die men hiet Concordancien,* ist uns u. A. in einer Haager und einer Gentener Hschr. bewahrt geblieben; und eine dritte *Evangelienharmonie* in einer Utrechter Handschrift.[2] Eine vierte Lebensgeschichte Jesu, um 1400 verfasst, möchte den Namen *Bonaventura-Ludolphiaansch leven van Jezus* tragen,[3] weil sie zusammengeschrieben ist aus zwei im Mittelalter viel gelesenen mystischen lateinischen Schriften, oder übersetzt aus einer lateinischen Compilation derselben: den *Meditationes vitae Christi* von Bonaventura und der *Vita Christi* vom Prior der Kartheuser Mönche in Cöln, Ludolphus von Sachsen. In der Form von ziemlich lebendigen Anreden an Gott, Christus oder Maria ist das Buch *Van den leven ende passien ons lieven Heren*[4] verfasst, das uns in einer Handschrift von 1405 überliefert ist. Den letzten Teil von Jesus' Leben enthält die Schrift *Dat lijden ende die passie ons Heren*[5] aus dem 15. Jahrh.

Die erste Übersetzung der *Vier Ewangelien* datiert von ca. 1370, aber schon etwas früher (1360) waren die Episteln und die Apocalypsis übersetzt.[6] Auch haben wir aus dem 14. Jahrh. mehrere niederländische Epistolarien und Evangeliarien, und überdies mehrere Psalterien. Im

[1] Ausg. von G. J. Meijer, Gron. 1835 mit *Nalezingen,* Gron. 1838 und J. Bergsma, Gron. 1895—1898.

[2] s. H. van Druten, *Geschiedenis der Ned. Bijbelvertaling,* I Leiden 1895—96, 278—307.

[3] s. W. Moll, *Johannes Brugman,* II 22—45, 262—271.

[4] s. W. Moll, *Johannes Brugman,* II 12, 154—156.

[5] Ausg. von Alfred Holder, Gron. 1877.

[6] s. H. van Druten, *Geschied. der Ned. Bijbelvertaling,* I 171—256.

15. Jahrh. wurden sie auch gedruckt. *Die Epistelen ende Ewangelien van den gheheelen jaere* (1477 Ter Goude by Gheraert Leeu) und *Die duytsche Souter* (1480, Delf by J. J. van der Meer) sind die ältesten Ausgaben.

Der historische Inhalt des alten Testaments ist uns überliefert in zwei *Geschichtsbibeln.*[1] Die ältere derselben, u. A. in einer Handschrift von 1358 bewahrt, ist hauptsächlich eine Umschreibung in Prosa von Maerlant's *Rijmbijbel,* mit Ergänzung aus der Vulgat. Die Angriffe Maerlant's auf die Geistlichkeit sind jedoch ausgelassen. Wir haben hier den historischen Inhalt vom ganzen Pentateuch (auch von Deuteronomium, wovon bei Maerlant nichts zu finden ist), von Josua, den Richtern und Ruth (welche Geschichte die *Rijmbijbel* nicht mitteilt), von den vier Büchern der Könige, aus den Chroniken ergänzt, und, in einem zweiten Teil, den Stoff der Bücher von Tobias, Godolyas (d. h. Jeremia 44), Susanna u. s. w. mit einer Übersicht der Geschichte von Alexanders Regierung und den Heldenthaten der Machabäer bis auf Octavianus.

Die zweite Prosabibel ist 1360—61 im Lande von Aalst abgefasst. Die *Scolastica* von Petrus Comestor und die Vulgat sind ihre Hauptquellen. Sie ist aber viel umfangreicher als die erste Prosabibel und führt nicht allein die Geschichte weiter bis zur Zerstörung Jerusalems durch die Römer, sondern enthält auch die Übersetzung anderer nicht-historischer Bücher des alten Testaments. Denen verdankte sie es vielleicht, dass sie die Vorlage der ersten Ausgabe einer niederländischen Bibel werden konnte, welche unter dem Titel *Die Bible in Duytsche* im Jahre 1477 in Delf von J. J. van der Meer herausgegeben wurde. In dieser Ausgabe aber sind alle Glossen der zweiten Prosabibel weggelassen: nur die Übersetzung des Bibeltextes ist behalten, gebessert und ergänzt. Also enthält die gedruckte Bibel das ganze alte Testament: nur die Psalmen fehlen.

Es fehlt da auch die Geschichte Alexanders, welche in der zweiten, handschriftlich bewahrten, Prosabibel so viele Seiten in Anspruch nimmt. Diese Geschichte ist zum grösseren Teil eine Umschreibung von Maerlant's Bearbeitung der Geschichte Alexanders in seinem *Spiegel Historiael* (mit Benutzung von Maerlant's *Alexander* und Comestor's *Scolastica*) und ist, nach einer Handschrift der zweiten Prosabibel einzeln herausgegeben unter dem Titel: *Die Historie, dat leven ende dat regiment des alre grootsten ende machtichsten coninc Alexanders* (Ter Gouda 1477; auch Delf 1479, 1488, 1491).[2]

§ 26. Erbauliche Erzählung. Neben den Schriften, welche biblische Geschichte enthalten, hat die niederländische Literatur mehrere Sammlungen von Biographien aufzuweisen, vorzüglich von heiligen Männern und Weibern, deren Leben musterhaft und also lehrreich und erbaulich für Andere war.

Zu dieser historisch-erbaulichen Literatur gehören zuerst das *Vaderboeck* oder das *Leven der Heiligen Vaderen in der Woestinen,* schon im 14. Jahrh. übersetzt aus den, irrtümlich im Ganzen dem Hieronymus zugeschriebenen, *Vitae Patrum,* und 1480 (in Gouda von Gheraert Leeu) gedruckt; und das *Passionael of gulden Legende,* eine Übersetzung der *Aurea Legenda* von

[1] s. H. van Druten, *Geschied. der Ned. Bijbelvertaling* I 65—170.

[2] Neue Ausgabe von S. S. Hoogstra, *Prozabewerkingen van het leven van Alexander den Groote,* 's-Grav. 1898. Darin findet sich auch eine zweite mnl. Lebensgeschichte Alexanders, welche der Verfasser der ersten Prosabibel aus verschiedenen Quellen, zum grösseren Teil aber aus der *Historia de Proeliis* und dem *Epitome* geschöpft hat, zum geringeren aus Maerlant's *Rijmbijbel* und *Alexander.*

Jacobus de Voragine, schon in der Mitte des 15. Jahrhs. angeblich verfasst vom Autor der zweiten Prosabibel, welcher selber im Prolog zur Genesis von der Aurea legenda sagt: «die wij hier voirtijts te duytsche uten latyn maacten». Die älteste der ca. 20 Handschriften, welche wir besitzen, datiert aber von 1400. Unter dem Titel *Passionael winter-ende somerstuc* ist die Übersetzung zuerst 1478 (Ter Goude by Gheraert Leeu) gedruckt.

In einer Utrechter Handschrift des 15. Jahrhs. haben wir achtzehn Lebensgeschichten, Legenden und Passien von Heiligen, welche nur zum geringeren Teil herausgegeben sind.[1] Bekannter als diese ist die Schrift *Van eenen Rudder, hiet Tondalus, een edel man,*[2] dessen wunderbare Geschichte auch erzählt wird in dem *Boeck van Tondalus Vysioen* (gedruckt 1482 in Antwerpen von Mathys van der Goes und in Delf 1495). Ein *Leven van St. Elisabeth,* aus der 1289 vom Thüringer Dominikaner Dietrich von Apolda («Dirc wt Doringen», wie es heisst) lateinisch abgefassten *Vita* übersetzt, ist uns in zwei Handschriften bewahrt geblieben.

Unter dem Titel *Dat boec van den claren ende verluchten mannen der oerden van Cistercien* wurde in Deventer oder in der Umgegend dieser Stadt das *Exordium magnum ordinis Cisterciensis* (angeblich von Conradus Everbacensis, † 1180) übersetzt: eine Sammlung von Biographien der berühmtesten Cistercienser Mönche. Aus der Windesheimer Congregation ging eine Sammlung Biographien von mehreren Nonnen des Klosters Diepenveen in Overijsel hervor.[3]

Eine grosse Menge von kürzeren Episoden aus dem Leben frommer Leute und von erbaulichen Erzählungen wunderbarer Vorfälle und Ereignisse enthält der bekannte *Dialogus Miraculorum* von Caesarius von Heisterbach, welcher im 15. Jahrh. auch niederländisch übersetzt wurde.[4] Von niederländischer Herkunft sind die neun kleinen *Miraculen die ons Here Jhesus Christus ghewracht heeft overmids dat heylich cruys dat tot Breda in die kerke staet,* enthalten in derselben Handschrift, in welcher sich auch ein niederländisches Gedicht (758 vv.) findet, das uns erzählt «hoe dat theylighe cruys quam tot Breda».[5] Arent Bosman erzählte *Een mirakel dat geschiede int jaer 1433 in den lande van Cleve bi een stadt genaemt Doesborch* (gedruckt in Haarlem um 1483, in Delf um 1490).

Sehr beliebt waren im Mittelalter, schon seit dem 13. Jahrh., die oft naïv-rührenden Erzählungen von Mirakeln, welche Maria, die gefeierte Mutter Gottes, allenthalben gethan hätte; und wir besitzen denn auch wenigstens vier Sammlungen von Marienlegenden[6] in Prosa: eine Haager Handschrift, eine Katwijker (von 1479), eine Amsterdamer und eine Düsseldorfer. Mit der letzteren stimmt überein der Delfter Druck von 1477 *Boeck van onser liever vrouwen miraculen.*

Diese Legenden und Mirakelsammlungen wurden viel in den Klöstern gelesen und benutzt von den Predigern und Schullehrern und den Verfassern erbaulicher und didaktischer Schriften, um die Andacht ihrer Leser zu fesseln oder zu erquicken durch Einschaltung von *Exemplen* oder *Bispelen* (vgl. § 22), nach dem Beispiel der Parabeln des Herren. Vorzüglich waren es Jesus und Maria, der Teufel und die Juden, Sacrament,

---

[1] Von H. E. Moltzer, *Levens en legenden van Heiligen* I *Brandaen en Panthalioen,* Gron. 1891.

[2] Ausg. von Ph. Blommaert, *Oudvlaemsche Gedichten* II (Gent 1841) 29—56, 121.

[3] Ausg. von W. R. E. H. Opzoomer, *Het Klooster te Diepenreen,* 's-Hage 1886-87.

[4] s. A. W. Wybrands, *Studien en Bijdragen van Moll en De Hoop Scheffer,* II 1—116.

[5] Ausg. von L. Wirth, *Het Heilige kruis en de Denensage te Breda,* Gron. 1893.

[6] s. C. Honigh, *De Gids* 1879, II 457—518.

Büsse und Beichte, und die «quatuor novissima»: der Tod, das jüngste Gericht, die Hölle und der Himmel, welche den Gegenstand dieser kurzen Erzählungen bilden.[1] Es sind wohl diese Exempel, in denen die mittelniederländische Prosa sich von der günstigsten Seite hervorthut.

VIII. DIE MITTELALTERLICHE SCHAUBÜHNE.

§ 27. Die weltliche Bühne. Die mittelalterlichen Schauspiele können eingeteilt werden in weltliche und geistliche Spiele. Die weltliche Bühne[2] ist in den Niederlanden früher emporgekommen als irgendwo im Westen, nur Frankreich ausgenommen. Vielleicht hatte die franz. Bühne darauf einigen Einfluss; jedenfalls aber dürfen wir die Zwiegespräche der Sprecher als die ersten Vertreter der weltlichen Bühne betrachten. Deren sind uns noch mehrere bewahrt geblieben, z. B. von *Twee coninghen, deen levende ende dander doot* (96 vv.),[3] die *Disputacie tusschen den sone ende den vadere* (148 vv.),[4] *Ene disputacie tusschen enen clerc ende sinen Meester* (184 vv.).[5] Es sind was die Franzosen *tensons* oder *jeux partis* nennen. Noch haben wir eine Art von Charade (218 vv.),[6] worin nacheinander nicht weniger als dreissig Personen ihre mimischen Vorstellungen mit einigen Reimzeilen begleiten. Diesen Zwiegesprächen entsprossen die *Tafelspeelkens,* welche an den Höfen der Herren nach der Mahlzeit von zwei oder drei Personen gespielt wurden («vor mijns heren tafel spreken» war eine geläufige Redensart). Aus späterer Zeit sind derer noch mehrere übrig geblieben (s. § 31).

Schliesslich entstanden die eigentlichen Schauspiele, und diese bereits am Ende des 14. Jahrhs. Aus dieser Zeit sind uns vier ernste Dramen erhalten, welche *abele Spelen* genannt wurden. Drei dieser Spiele, der *Esmoreit* [1006 vv.], der *Gloriant* [1139 vv.] und der *Lanseloet van Denemarken* [949 vv.] sind einfache, lebhafte frische, dichterische, jedoch mit Rücksicht auf die Charakterzeichnung und Verwicklung noch zu schwache Dramen, deren Inhalt durch den höfischen, einigermassen sentimentalen Charakter auf morgenländische Romane als Quellen hinweist.

Im *Esmoreit* ist die Geschichte eines sizilianischen Prinzen dramatisiert, der von seinem neidischen Vetter Robbrecht geraubt and zum Tode geweiht, im letzten Augenblick aber Meister Platus, einem Abgesandten des damascenischen Königs, verkauft wird, welcher in den Sternen gelesen hatte, dass der Prinz im Sarazenischen Reich das Christentum stiften und den König töten würde. Indem Platus, in Einverständnis mit seinem Herrn, auf diese Weise dem Schicksal vorzubeugen meint, fördert er selbst die Erfüllung des Orakels, denn er verhindert den Mord des Knaben und führt den jungen Esmoreit nach Damas, wo er als Sohn des Königs erzogen wird von Damiette, der Tochter des Königs, welche sich, als er zu einem schönen Jüngling aufgewachsen ist, in ihn verliebt. Als Damiette ihm nachher ihre Liebe und damit auch das Geheimnis seiner Geburt verrät, und Esmoreit also erfährt, dass er nicht der Sohn des damascenischen Königs, sondern ein Findling ist, reist er ab, um seine wahren Eltern ausfindig zu machen, was ihm auch gelingt. Seine Mutter, von

[1] s. C. G. N. de Vooys, *Middelnederlandsche Legenden en Exempelen,* 's-Grav. 1900.
[2] s. H. E. Moltzer, *Geschiedenis van het wereldlijk Toonel,* u. s. w. Leiden 1862 und J. H. Gallée, *Bijdrage tot de Geschiedenis der dram. vertooningen,* u. s. w. Haarlem 1873.
[3] Ausg. von J. F. Willems, *Belg. Museum* II 237—240.
[4] Ausg. von J. F. Willems, *Belg. Museum* V 76—81.
[5] Ausg. von C. P. Serrure, *Vaderl. Museum* II 166—171.
[6] Ausg. von C. Carton, *Oudvlaemsche Gedichten,* Gent 1849, 425—436.

Robbrecht fälschlich des Mordes ihres eigenen Kindes beschuldigt und deshalb eingekerkert, wird natürlich jetzt wieder befreit. Die verliebte Damiette ist indessen ihrem verlorenen Geliebten nachgereist mit Meister Platus. Am Hofe des sizilianischen Königs hat die Verlobung der beiden Geliebten und ihre Bekehrung zum Christentum statt, und mit der Bestrafung des bösen Robbrechts endigt das Stück. Dass der christliche Esmoreit seinen sarazenischen Schwiegervater verdrängen wird, versteht sich ohne weitere Andeutung.

Gloriant, der Herzog von Braunschweig, ist ein junger Fürst, der sich im Gefühl seiner Männerwürde nicht verheiraten will, sondern alle Weiber verachtet. Als Florentijn, die Tochter des Heidenkönigs Roedelioen van Abelant, die bis dahin keinen Mann ihrer Liebe würdig geachtet hatte, ihm ihr Portrait schickt, verliebt er sich so närrisch in sie, dass er zu ihr eilt. Ihr Liebesverhältnis wird aber verraten von ihrem eifersüchtigen Vetter Floerant, beide werden gefangen, Gloriant aber bald von einem alten Diener der Prinzessin, Rogier, erlöst. Als Florentijn zu dem Scheiterhaufen geführt wird, gelingt es Gloriant sie zu retten und mit sich in sein Land zu nehmen, wo er sie heiratet.

Das Spiel von *Lanseloet*[1] ist dichterischer und interessanter als die beiden anderen. Es ist die dramatisierte Geschichte eines Ritters (Lanseloet), der von seiner hochmütigen und doch niederträchtigen Mutter so weit gebracht wird, dass er seine Geliebte, die schöne Sanderijn, verstösst, nachdem er seine Lust an ihr gebüsst hat. Bald aber bereuet er seine Roheit und sendet er seinen Diener Reinout aus, um Sanderijn wieder aufzusuchen, die aus Scham entwichen ist, aber später glücklich verheiratet ist mit einem Manne, dem sie vorher aufrichtig ihre Geschichte in allegorischer Weise erzählt hatte und der den blühenden Baum nicht verschmäht hatte, wenn auch ein Falke zugeflogen kam und ihn einer seiner vielen Blumen beraubte. Reinout findet sie verheiratet, fürchtet Zweikampf zwischen ihrem Gatten und seinem Herrn und sagt diesem deshalb, dass er Sanderijn sterbend gefunden hat. Als Lanseloet das gehört, tötet er sich in Verzweiflung.

Das vierte Spiel, *Van den Winter ende van den Somer* [625 vv.] ist eine ziemlich spasshafte Allegorie, nur mehr Zwiegespräch als Schauspiel. Der lustige Sommer und der gewaltige Winter streiten miteinander um den Vorrang. Loyaert und Clappaert (der Faulenzer und der Plappermaul) stellen sich auf die Seite des Winters und Moyaert und Bollaert (der Prunkebold und der Spassmacher), schliesslich sogar der Landläufer Cockyn, verteidigen die Sache des Sommers. Da der Streit zuletzt hauptsächlich darüber geführt wurde, ob der Sommer der Liebe günstiger wäre, als der Winter, wurde Frau Venus genötigt, als Schiedsrichterin aufzutreten. Sie meint, dass die beiden Zänker statt zu streiten, ewig Gebrüder sein sollten, und dass jedem zu seiner Zeit die Herrschaft gebührt, da Gott es gewollt hat, dass ohne Abwechslung der Jahreszeiten auf Erden alles zerstört würde. Mit diesem Urteil sind alle zufrieden, nur nicht der arme Cockyn, der jetzt nichts besseres zu thun weiss, als, so lange die tirannische Herrschaft des Winters währt, Schutz zu suchen in den Steingruben bei Maastricht.

Überdies haben wir noch vier ziemlich pöbelhafte Possen, welche *Sotternien* genannt wurden, vollständig erhalten: *Lippijn* (199 vv.), *Rubben*

[1] Ohne Prolog mit einigen Änderungen und Einschaltung einiger Zeilen, welche erzählenderweise die Scenen verbinden, ist dieses Spiel um 1486 gedruckt «bi Govert van Ghemen ter Goude in Hollant».

(245 vv.), *Die Buskenblaser* (208 vv.) und *Die Hexe* (111 vv.), und noch zwei andere zum grösseren Teile: *Drie daghe here* und *Die Truwante*. In vier von diesen sechs Possen (nur nicht in *Hexe* und *Truwante*) ist der Held der Geschichte ein einfältiger Graubart, der von seinem jungen, dreisten und treulosen Weibe betrogen und nachher noch beschimpft, sogar geprügelt wird.

Alle diese Spiele zusammen sind nur in einer einzigen Handschrift bewahrt geblieben [1] und augenscheinlich ohne bedeutende Dekoration und Kostümierung von den Sprechern aufgeführt. Ein Prolog an die Zuschauer geht jedem grossen Spiel voran, ein Epilog ist zugleich Prolog zu der Posse, welche in der Handschrift unmittelbar nach dem Spiel geschrieben ist und auch wohl ohne Unterbrechung der Vorstellung [2] nach dem grossen Stück gespielt wurde. Die erste Vorstellung eines uns unbekannten Schauspiels, welche wir erwähnt finden, geschah im Jahre 1364 «op eenen zolre», d. h. Bühne, wohl im Freien. Im Jahre 1396 spielten «die gesellen uten Hage een spil upter plaetsen» und wurde in Arnhem am Fastabend auf der Markt von den Gesellen gespielt. Herzog Albrecht und seine Gattin wohnten 1399 einer Vorstellung bei von den «Gesellen in den Haghe», welche diesmal aber «in der Sale» spielten.

§ 28. Die geistliche Bühne. Neben der weltlichen steht die geistliche Bühne,[3] welche, wie in Frankreich, Deutschland und England, ihren Ursprung hat in den *Responsorien*, anfangs lateinisch in den Kirchen von den Priestern und Chorsängern vorgetragen, später in der Landessprache auf Marktplätzen von Laien, welche *Gesellen van den Spele* genannt wurden und zum Teile geistliche Chorsänger, zum Teile Mitglieder geistlicher Brüderschaften waren. Im 15., vorzüglich im 16. Jahrh. aber waren es die Rhetoriker, welche diese Spiele darstellten.

Von diesen *Mysterien* oder liturgischen Spielen ist nur ein einziges Weihnachtsspiel niederländisch bewahrt geblieben, *Die eerste Bliscap van Maria* [2226 vv.], in der Mitte des 15. Jahrhs. in Brüssel aufgeführt.[4] Das Spiel fängt an mit dem Sündenfall, enthält weiter die Prophezeiungen der Erlösung und den Streit von «Ontfermicheit» und «Gerechticheit» vor Gottes Thron. Als Gottes Sohn sich bereit erklärt hat, Mensch zu werden, folgt die Geschichte von Joachim und Anna und die Verlobung von Maria. Mit der Botschaft Gabriels schliesst das Stück, woran sich sechs andere schlossen, welche die Geschichte der anderen sechs Freuden Mariens darstellten; nur das letzte dieser ist wiedergefunden: *De sevenste Bliscap van Maria* [1721 vv.],[5] das ihre, auf Gottes Geheiss ihr vorher vom Engel Gabriel verkündete, Himmelfahrt feiert. Von Sint Jan und den anderen Aposteln umgeben, stirbt Maria auf der Bühne. Vorher schon hatte Lucifer mit seiner Dienerschaft ihren Leichnam von Gott als sein rechtmässiges Eigentum aufgefordert, was ihm aber zuerst von Michael mit Bibelsprüchen abgestritten und schliesslich von Gott selbst ausdrücklich verweigert war. Als die Apostel die Verstorbene zum Grabe tragen,

---

[1] Ausg. von Hoffmann von Fallersleben, *Horae Belgicae* VI Breslau 1838, von H. E. Moltzer, *Mnl. dramatische Poëzie*, Gron. 1868—1875 und P. Leendertz Jr., *Mnl. dramatische Poëzie*, Gron. 1900.

[2] s. Jan te Winkel, *Taal-en Letterbode* VI 74—79.

[3] s. J. H. Gallée, *Bijdrage tot de Gesch. der dram. Vertooningen*, Haarlem 1873. A. W. Wybrands in *Studien en Bijdragen* von Moll und De Hoop Scheffer, II 193—293 und H. E. Moltzer, Einl. zur *Mnl. dramatische Poëzie*, Gron. 1875.

[4] Ausg. von J. F. Willems, *Belg. Museum* IX 37—138 und H. E. Moltzer, *Mnl. dram. Poëzie* 329—418.

[5] Ausg. von K. Stallaert, Gent 1887.

versuchen die Juden, welche schon vorher verabredet hatten, die Leiche zu verbrennen, die Beerdigung zu stören; auf mirakulöse Weise aber wird ihr Vorhaben vereitelt. Unerwartet kehrt jetzt der Apostel Thomas aus Indien zurück. Es war ihm offenbart, dass Maria zum Himmel gefahren war, und als er mit den anderen Aposteln sich zu ihrem Grabe begiebt, finden sie den Schrein leer. Besonderer Erwähnung verdient es noch, dass der grössere Teil des Spiels in künstlicher Strophenform geschrieben ist.

Zahlreiche andere Weihnachts-, Passions- oder Osterspiele werden in den städtischen Rechnungsbüchern des 15. und 16. Jahrhs. erwähnt; nur ist von diesen nichts erhalten, ausser einem grossen Fragment [1500 vv.] eines Passions- oder Osterspiels in Maastrichter Mundart.[1]

Im 15. Jahrh. kam in den Niederlanden auch das *Mirakelspiel* empor: die dramatisierte Vorstellung von Wundergeschichten, welche mit den Patronen oder Reliquien einzelner Kirchen verbunden waren. Nur zwei der späteren sind uns übrig geblieben: 1. das Spiel *Van den heiligen Sacramente van der Nyeuwervaert* [1325 vv.],[2] um 1500 von einem gewissen Smeken verfasst und in Breda aufgeführt: die Geschichte einer mirakulösen, in einem Acker gefundenen Hostie, welche trotz den komischen Bestrebungen der beiden Teufelchen «Sondich Becoren» und «Belet van Deughden» allerlei, in kleinen, mit einander nicht dramatisch zusammenhängenden Scenen dargestellte, Wunder verrichtet, und 2. das Spiel *Van Sinte Trudo*,[3] eigentlich zwei zueinander gehörende Spiele [1800 und 1770 vv.], in der Mitte des 16. Jahrhs. verfasst von Christiaen Fastraets:[4] die dramatisierte Geschichte des Heiligen von seiner Taufe bis auf seinen Tod. Auch in diesem Stücke spielen die Teufel, Lucifer, Baälberith und Leviathan, ihre komische sogenannte «duvelrye».[5] Ihnen gegenüber erscheint hier auch Gott der Vater auf seinem Throne, von seinen Engeln umgeben auf der Bühne. Diese beiden Mirakelspiele sind von Rhetorikern gespielt.

IX. DIE RHETORIKER.

§ 29. Die Rhetorikerkammern.[6] Die «Rederijkerskamers» oder «Cameren van Rhetorica» fangen an sich zu bilden gegen das Ende des 14. Jahrhs. und sind dreifachen Ursprungs. Sie entstanden nämlich 1. aus den Narrengilden, 2. aus den kirchlichen Choralgesellschaften und 3. vorzüglich aus den geistlichen Brüderschaften, welche unter dem Patronat eines Heiligen gestiftet waren mit dem Zweck, ihren Mitgliedern nach dem Tode Seelenmesse zu verbürgen. Anfangs beschränkte ihre literarische Thätigkeit sich hauptsächlich auf Verfassung und Aufführung von geistlichen Spielen; allmählich aber dehnte sie sich auch über jedes andere

[1] Ausg. von J. Zacher, *ZfdA* II 302—350 und H. E. Moltzer, *Mnl. dram. Poëzie* 496—538.

[2] Ausg. von C. R. Hermans, *Geschiedenis der Rederijkers in N.-Brabant* II (1867) 11—96 von E. Verwijs, Leeuwarden 1867, von H. E. Moltzer, *Mnl. dram. Poëzie* 419—495 und von P. Leendertz Jr., *Mnl. dram. Poëzie,* Gron. 1900.

[3] Ausg. von G. Kalff, *Tooneelstukken der zestiende eeuw,* Gron. 1889, 81—218.

[4] Eine lateinische Übersetzung von Frater Petrus Crullus a Ginghelim, im Jahre 1565 verfasst, findet sich noch ungedruckt in einer Lütticher Hs.

[5] s. Ernest Soens, *De rol van het booze Beginsel op het middeleeuwsch tooneel,* Gent 1893.

[6] s. Willem Kops, *Werken v. d. Maatsch. der Ned. Lett.* II 1774, 213—351; Prudens van Duyse, *De Rederijkkamers in Nederland* I Gent 1900; C. R. Hermans, *Geschiedenis der Rederijkers in Noord-Brabant,* 's-Hertogenbosch 1867; G. D. J. Schotel, *Geschiedenis der Rederijkers in Nederland,* Rott. 1871; E. van der Straeten, *Théatre villageois en Flandre*, 2. Ausg. Bruxelles 1881; Bibliotheca Belgica, *Chambres de Rhétorique,* C 258, 643.

Feld der *Rhetorica* [d. h. Poesie und Vortrag] aus, und von dieser Zeit an erhielten die Mitglieder den, durch Volksetymologie aus *Rhetorica* entstellten, Namen *Rederijkers.* Sie bildeten demnach Vereine, welche in den Niederlanden für die Poesie auf gleiche Weise thätig waren, wie in Deutschland die Meistersinger für die Musik.

Die Kammern unterschieden sich von einander durch ein *Blazoen* oder Wappenschild mit symbolischer Bedeutung, bisweilen ganz in der Form der Charade, wozu immer ein dementsprechender Denkspruch *[Zinspreuk* oder *Devies]* gehörte.

Namen und Sprüche der berühmtesten und zum Teile auch ältesten Kammern in den südlichen Niederlanden sind: *De Alpha en Omega* [Spr. «Spirat ubi vult»] in Yperen, bereits im 14. Jahrh.; *De Violieren*[1] [Spr. «Uut jonsten versaemt»] zu Antwerpen [sei 1400]; *Het Boeck* [Spr. «Om beters wil»] zu Brüssel [seit 1401]; *St. Jan-Baptist,* später *Die Rose*[2] [Spr. «Ghebloeyt in 't wilde»] zu Thielt [bereits 1416]; *De Heilige Geest* zu Dixmuiden [bereits 1424]; *De Sorgeloosen* [Spr. Aerm in de borse] [bereits 1424], aber 1530 vereinigt mit *St. Barbara* [Spr. «van sinnen jonck»] zu Veurne;[3] *St. Barbara*[4] [Spr. «Godt voedt veel Sotten»] zu Kortrijk [bereits 1427]; *De Heilige Geest*[5] [Spr. «Mijn werc es hemelick»] zu Brugge [bereits 1442]; *De Fonteine*[6] [Spr. «Alst past bi appetite»] zu Gent [seit 1448]: *De witte waterrosen* [Spr. «Al vloeyende groeyende»] zu Ninove [bereits 1452]; *Die Rose* [Spr. «Minne ist fondament»] zu Löwen [bereits 1468]; *Die Lilie*[7] [Spr. «Reyn bloeme] zu Diest [seit 1470]; *De Peoene*[8] [Spr. «In principio erat verbum»] zu Mechelen [bereits 1471]; *Die Lely*[9] [Spr. «Maria teeren»] zu Gent [bereits 1478]; *De groeyende boom*[10] [Spr. «'t Dor wordt groeyende»] zu Lier [bereits 1479]; *De Heilige Geest*[11] [Spr. «Pax vobiscum»] zu Oudenaarde [bereits 1482]; *St. Catharina*[12] zu Hasselt in Ostflandern [seit 1482]; *De Goudbloeme*[13] [Spr. Groeyend in Deuchde»] zu Antwerpen [bereits 1488]; *De Doornecrone* zu Nieuwpoort [bereits 1492]; *De drie Santinnen*[14] [Spr. Die lijdt verwint»] zu Brugge [bereits 1500]; *De Christus Oogen*[15] [Spr. «Christus oogen doorsien tal»] zu Diest [seit 1502]; *De roode rose*[16] [Spr. «Hitte vercuelt»] zu Hasselt in Limburg [bereits 1515]; *De Corenbloeme* [Spr. «Jeucht sticht Vreucht»] zu Brüssel; *De Goudbloem*[17] [Spr. «Behouden simpel van sinnen»] zu St. Nicolaas im Lande von Waes; und *Het Eglentierken*[18] [Spr. «Caritas»] zu Hoogstraten.

---

[1] Joseph van Ertborn, *Geschiedkundige Aenteekening aengaende de Ste Lucas Gilde* u. s. w. Antw. 1806 und J. B. van der Straelen, *Het Taelverbond* 1853, 113—322.

[2] A. de Vlaminck, *Vaderl. Museum* V 1—249.

[3] Ph. Blommaert, *Belg. Museum* II 357—374 und Frans de Potter en Pieter Borre, *Geschiedenis der Rederijkerskamer van Veurne,* Gent 1870.

[4] F. A. Snellaert, *Belg. Museum* III 1—41.

[5] Prudens van Duyse, *Belg. Museum* X 241—246.

[6] Ph. Blommaert, *Geschiedenis der Rhetorykkamer de Fonteine,* Gent 1847.

[7] F. J. Raeymakers, *Vaderl. Museum* III 90—129.

[8] G. J. J. van Melckebeke, *Geschiedk. aenteekeningen rakende de Sint-Jans-Gilde, bygenaemd de Peoene,* Mechelen 1862.

[9] Ph. Blommaert, *Belg. Museum* I 434—439 und C. P. Serrure, *Vaderl. Museum* I 111 vlg.

[10] J. F. Willems, *Belg. Museum* VIII 288—330.

[11] D. J. van der Meersch, *Belg. Museum* VI 373—408, VII 15—72, 232—265, 386—438.

[12] J. F. Willems, *Belg. Museum* IV 418—423.

[13] Joseph van Ertborn l. l. und P. Visschers, *Belg. Museum* I 137—171.

[14] Prudens van Duyse, *Belg. Museum* IX 453—456.

[15] F. J. Raeymakers, *Vad. Museum* III 90—129.

[16] C. P. Serrure, *Vaderl. Museum* I 113—115, II 285—287.

[17] F. A. Snellaert, *Belg. Museum* X 300—321. — [18] *Belg. Museum* VII 377—385.

In den nördlichen Niederlanden gehören zu den bekanntesten, zum Teile auch ältesten Kammern: *Het bloemken Jesse*[1] [Spr. «In minnen groeyende»] zu Middelburg [seit 1430]; *De Akerboom* [Spr. «Aensiet liefde»] zu Vlaardingen [seit 1433]; *De Goudsblom* [Spr. «Uut jonste begrepen»] zu Gouda [seit 1437]; *De Vreuchdebloem* zu Bergen-op-Zoom [bereits 1472]; *De Nardusbloem*[2] [Spr. «Met gantser herten»] zu Goes [bereits 1481]; *De Hulstbloem*[3] [Spr. «Reyne minne»] zu Hulst [bereits 1483]; *De Rapenbloem* [Spr. «Wy rapen geneucht»] zu Delft [bereits 1487]; *'t Vreuchdedal* [Spr. «Wy vaten geneucht»] zu Breda [bereits 1491]; *De Distelbloem* [Spr. «van toude nieuw»] zu Sluis [bereits 1496]; *De drie Korenbloemen* [Spr. «In minne versaemt» [zu Reimerswaal [bereits 1496]; *De Pellicaen* [Spr. «Trou moet blijcken»] zu Haarlem [seit 1503]; *De Wijngaertrancken*[4] [Spr. «Lieft boven al»] zu Haarlem [seit 1504]; *De Eglentier* [Spr. «In Liefd' Bloeyende»] zu Amsterdam [bereits 1517]; *Moyses Doorn* [Spr. «In viericheyt groeyende»] zu Herzogenbusch [bereits 1529]; *De blauwe Acoleyen* [Spr. «Mit minne versaemt»] zu Rotterdam; *De Fontein* [Spr. «Reyn geneucht»] zu Dordrecht; *De roo Rosen* [Spr. «Aensiet de jonckheyt»] zu Schiedam; *De witte Acoleyen* [Spr. «Liefd' ist fondament»] zu Leiden und *De Sonnebloem* [Spr. «Noyt meerder vreucht»] zu Ketel.

Nach der Besetzung der südlichen Niederlande durch spanische Truppen und vorzüglich nach dem Fall Antwerpens stifteten die ausgewichenen Südniederländer in vielen Städten der neuen nordniederländischen Republik eigene Kammern, welche als *Vlaamsche* oder *Brabantsche Kamers* bekannt sind. Die hervorragendsten waren *De Orangie Lelie* [Spr. «In liefd' groeyende»] zu Leiden, *De witte Angieren* [Spr. «In liefd' getrouw»] zu Haarlem und *'t Wit Lavendel* [Spr. «Uut levender jonste»] zu Amsterdam. Vielleicht war auch *De Vygheboom* [Spr. «Het zoet vergaren»] zu Schiedam eine flämische Kammer; ganz gewiss wird eine mit diesem Namen irrtümlich für Amsterdam angenommen.[5]

Im Laufe des 15. Jahrhs. bildeten sich in jeder Stadt der südlichen Niederlande und in den meisten Städten des südlichen Teils der nördlichen Niederlande Rederijkerskamers und im 16. und 17. Jahrh. wurden dieselben sogar in verschiedenen Dörfern gestiftet. Mehr als 250 waren damals bekannt.

Jede Kammer war völlig selbständig und frei sich einzurichten wie sie wollte, abgesehen von der Genehmigung ihrer städtischen Obrigkeit; die Einrichtung war jedoch für alle Kammern eine ziemlich gleiche. Die Führung war, wie bei den Gilden, einigen Obmännern [*Hoofdlieden*] anvertraut, mit einem *Dekan* an der Spitze, mit einem *Bannerträger*, einem *Kammernarr* und einem *Faktor*, der nicht nur die gewöhnlichen Pflichten eines Geheimschreibers erfüllen musste, sondern auch Alles was ihm aufgetragen wurde in Reime zu bringen hatte, der also der Hauptdichter der Kammer war. Den Mitgliedern war es zwar nicht untersagt, freiwillig ihm sein Amt zu erleichtern, doch waren sie eigentlich bloss dazu verpflichtet, die ihnen von den Obmännern übertragenen Rollen auf der Bühne zu spielen.

---

[1] N. C. Lambrechts van Ritthem, *Verhand. v. d. Maatsch. der Ned. Lett.* III 1 (Leyden 1819), 117—175.

[2] R. C. H. Römer, *Zeeuwsche Volksalmanak* 1844 10 ff.

[3] J. F. Willems, *Belg. Museum* IV 411—418.

[4] H. Gerlings Cz., *De aloude Rhetorijkkamer «De Wijngaartranken» te Haarlem*, Dev. 1874.

[5] Jan te Winkel, *Tijdschrift* XI 41—45.

Überdies wählte jede Kammer sich einen angesehenen Edelmann oder eine Magistratsperson als Patron oder Ehrenvorsitzer, und als später auch der Landesherr selbst es nicht verschmähte, diesen Titel von den Kammern anzunehmen, wurde es allmählich Sitte und Brauch, jeden Schirmherrn *Prinz* zu nennen, ja zuweilen sogar *Kaiser,* seitdem Kaiser Karl V. das Patronat verschiedener Kammern angenommen hatte. Die letzte Strophe jedes Refraingedichtes war immer an den Schirmherrn gerichtet, und also verraten alle Gedichte, in deren letzter Strophe das Wort *Prinz* sich findet, sich gleich als Rhetorikergedichte.

Die meisten Kammern bildeten zusammen eine Art Dichtbund, dessen Hauptzweck es war, miteinander in der Dicht- und Schauspielkunst zu wetteifern; und die Kammern, die darin aufgenommen waren, hiessen *freie* (d. h. edele) Kammern, den anderen gegenüber, welche *unfreie* genannt wurden, sich aber während eines Wettkampfes von den freien konnten anerkennen oder *taufen* lassen. Die Kammern der kleineren Städte und Dörfer in einem und demselben Gau erkannten zuweilen eine Kammer im Hauptort des Gaues als ihre Hauptkammer [*Hoofdkamer*] an. Hauptkammern von Flandern waren *De Alpha en Omega* in Yperen und *De Fonteine* in Gent, von Brabant *Die Rose* in Löwen. Die Kammer *De Goudbloem* in St. Nicolaas war Hauptkammer des Landes von Waes. Übrigens waren alle Kammern von einander unabhängig. Im Jahre 1493 machte Philipp der Schöne einen Versuch zur Centralisation der Kammern, indem er in Gent eine «souveräne» Kammer «Jesus metter Balsembloeme» stiftete mit seinem Kaplan Pieter Aeltuers als Hauptverwalter. Die neue Kammer fertigte 1505 ihre Verordnungen aus, die anderen Kammern jedoch unterwarfen sich diesen ganz einfach nicht, und somit war der Versuch völlig gescheitert.

§ 30. Die Dichtwettkämpfe der Rhetoriker. Wie schon bemerkt, bildeten die Dichtwettkämpfe für die Kammern das wichtigste Band. Anfangs waren sie nur den grossen Schützenfesten untergeordnet, welche die St. Georg- und St. Sebastiangilden allerorten feierten. Die Rhetoriker begleiteten die Schützen dorthin und kämpften wie diese unter einander auf ihre Weise, nl. mit *Battementspelen,* wie man damals sagte. So war z. B. der erste beglaubigte Dichtwettkampf, der 1408 zu Oudenaarde gehalten wurde, eigentlich ein Schützenfest. Im Laufe des 15. Jahrhs. jedoch machten sich die Rhetoriker allmählich unabhängig von den Schützengilden und feierten ihre eigenen Feste. Bald war es die eine, bald die andere Kammer, welche das Fest aus freien Stücken veranstaltete. Allmählich jedoch wurde die Sitte herrschend, dass eine Kammer, die den höchsten Preis bekommen hatte, im folgenden Jahre oder doch nach nicht zu langer Frist die befreundeten Kammern zu einem Feste einladen musste. Die städtischen Verwaltungen unterstützten diese Feste durch reiche Beiträge.

Die Einladung geschah durch die *Chaerte* [gewöhnlich in Versen], auf der die Bedingungen des Kampfes, das Thema der Dichtungen und die ausgesetzten Preise verzeichnet waren. Die Preise waren meistens silberne, später auch zinnerne Gefässe; und wegen dieser *Juweelen* [Kostbarkeiten], welche für das ganze *Land* als Preise *opgehangen* [ausgesetzt] wurden, hiessen die Wettkämpfe *Landjuweelen.* Wurde bloss eine beschränkte Anzahl von Kammern in einem bestimmten Gau zu den Festen eingeladen, dann hiessen diese *Hagespelen.*

Der erste Preis fiel dem besten Schauspiel [*Sinnespel,* s. § 31] zu, über ein gegebenes Thema verfasst. Auch durch die vorzüglichste Darstellung eines Schauspiels war ein Preis zu gewinnen. Wurde, wie es später oft geschah, das ausführliche Schauspiel bei Seite gelassen, dann wurde der Wettkampf ein *Refereinfeest* genannt, wegen der bei den Rhetorikern beliebtesten Dichtungsart, des *Referein:* ein Gedicht in einem von den Veranstaltern des Festes vorbedingten Strophenzahl, jede Strophe [*Snede*] von vorgeschriebener Länge [von 10 bis 20 Zeilen], und zum Schluss eine immer wiederkehrende *Refereinregel* oder *Stokregel,* eine schon vorherverzeichnete Verszeile, welche das Thema des Gedichts möglichst knapp zusammenfasste. Weiter wurden Preise ausgesetzt für *Liedekens int Sotte, int Vroede en int Amoreuse,* und später auch für das *Kniedicht* oder Schnellgedicht, das in möglichst kurzer Zeit während des Festes selbst verfasst werden musste, indem *Sinnespel, Referein* und *Liedekens* bereits vor dem Feste hinübergeschickt wurden und schon bekränzt waren, bevor sie gespielt, vorgetragen oder gesungen wurden.

Auch für die Kammernarren wurden gewöhnlich Preise ausgesetzt. Sie sollten bei dem Einzug der Kammern einen geistreichen Spruch komisch-symbolisch darstellen. In Antwerpen gewann 1561 beim Landjuweel der Narr der Kammer *De Vreuchdebloem* von Bergen-op-Zoom den ersten Preis des «innocentelijcst oft onnooselijcst den Sot te maken», wie es heisst. Die drei ausgesetzten Preise waren: eine silberne «Sottinne», eine «Sotscappe» und ein «Marot». Mit einer Katze als Marot in der Hand sprach der Preisgewinner: «ick hebse vonden». Beim Hagespel, in demselben Jahre in Antwerpen, gewann die Kammer *Het Heibloemken* von Turnhout [Spr. «Wy heibloemkens bieën vrucht met bly scapen»] den Narrenpreis. Das «Refereyn int Sotte» und das «Liedeken int Sotte» wurden öfter von den Narren verfasst, und wenn sie die Possen vielleicht nicht immer selbst verfassten, spielten sie darin doch die Hauptrolle. Auch auf andere Weise trugen sie zum Vergnügen der Volksmenge bei. Juerken, der Narr der Antwerpener *Violieren,* forderte während der Festlichkeiten die anderen Narren heraus mit ihm «opte Scena oft Speelhuis om te comen drincken de langste toghen», und natürlich dadurch und durch andere Spassmachereien das Publikum zu ergötzen. Am Ende des 16. Jahrhs. machte der Narr der Leidener Kammer *De witte Acoleyen,* Pieter Cornelisz van der Morsch oder Piero, wie er genannt wurde, (Stadtknecht des Rathauses von 1570 bis 1620) sich sehr populär. Nicht nur beteiligte er sich an den Wettkämpfen in Leiden und Rotterdam, sondern er schickte auch selbst eine Einladungskarte an die anderen Kammernarren ab, um am 26. Mai 1596 seine (augenscheinlich fingierte) Hochzeit in Leiden öffentlich zu feiern; und zehn Narren nahmen diese Einladung an. Die Gedichte, welche sie vortrugen, sind gedruckt worden mit einem Bericht der Possenstreiche, durch welche sie das Publikum belustigten.[1] Sein Wahlspruch LX *n tyt (= elc sen tijt)* lebt vielleicht noch fort in der Redensart: *benje zestig?* (bist du sechzig?), d. h. bist du verrückt?

Allmählich wurde es eine Gewohnheit, auch Preise auszusetzen für Sachen, welche sich nur von weitem auf die Dichtkunst bezogen, z. B. für das aus der grössten Entfernung Hinüberkommen, für das eleganteste Schwingen der Fahne, für das schönste Fahnenbild, für das *Scoonste Incomen,* den prachtvollen Einzug der reichkostümierten Kammermitglieder, für das *Scoonste Vieren* oder Illuminieren der *Herbergen* [Gasthöfe], wo die Rhetoriker während des drei- oder viertägigen Festes logierten, u. s. w.

[1] s. *Cort Verhael Vant Principael In Leyden bedreven By Sotten meest, Die op Vrou Lors Feest Waren verschreven. Den 26 Mayus Anno 1596. Doen Joncker Mors Troude Vrou Lors Op't Leytsche Toonneel Won een Zot van thienen met Bot Voordienen Een Ring om zijn Keel.* (Leyden 1596.)

Durch den Wetteifer, die beiden letzten Preise zu gewinnen, wurden die *Landjuweelen* allmählich überaus kostspielig: das Land aber war reich, und die städtischen Obrigkeiten trugen gerne und freigebig zu den Kosten bei.

Im 15. Jahrh. sind mir sechzig grössere und kleinere Wettkämpfe in den südlichen Niederlanden bekannt gegen nur vier in der jetzigen Provinz Zeeland (in Sluis, Goes und Hulst). Der Antwerpener von Mai 1496 ist der berühmteste. Von 1500 bis 1565 habe ich in den südlichen Niederlanden neunzig grössere oder kleinere Wettkämpfe verzeichnet gefunden gegen nur sechs im jetzigen Nordniederland [1507 in der später vom Wasser verschlungenen Stadt Reimerswaal, 1552 in Dordrecht, 1555 und 1564 in Breda, 1561 in Rotterdam[1] und 1562 in Herzogenbusch]. Das merkwürdigste Landjuweel wurde Juni 1539 in Gent von den *Fonteinisten* veranstaltet (s. § 40), das glänzendste Aug. 1561 in Antwerpen,[2] das mit der grössten Sorgfalt von der Kammer *De Violieren* und ihrem Faktor Willem van Haecht eingerichtet war, und dem ein Hagespel folgte. Da gewann *Die Rose* von Löwen den ersten Preis mit ihrem Sinnspiel über die Frage «Dwelck den mensche aldermeest tot consten verwect», und *Moyses Doorn* von Herzogenbusch mit ihrem Esbatement [«Cluyte van den Patroon van den Alven»].[3] Zwischen 1565 und 1600 war durch die Kriegsereignisse in den südlichen Niederlanden kein einziges Landjuweel mehr möglich. In den nördlichen Niederlanden dagegen wurden diese Wettkämpfe 1580 wieder eröffnet. Zwischen diesem Jahr und 1600 sind mir sechs dieser Wettkämpfe da bekannt, in Heenvliet 1580,[4] in Delft 1581,[5] in Monster 1589, in Zandvoort 1593, in Leiden 1596[6] und in Rotterdam 1599;[7] und nach 1600 noch viele, und dann auch wieder einige in den spanischen Niederlanden.

Die notwendige Gleichförmigkeit der Schauspiele und Refraine, die alle des Wettkampfes wegen strengen Forderungen unterworfen waren, lähmte die Dichter in der freien Äusserung ihrer dichterischen Begeisterung. Der Zwang, der durch den Wettkampf den Dichtern aufgelegt wurde, setzte das Dichten zu mechanischer Arbeit herab, wobei Glut und Individualität sich nicht geltend machen konnten. Überdies waren die vorgeschriebenen Themata meistens moralische, theologische oder politische Fragen, welche durch eine spitzfindige Rhetorik gelöst werden mussten. Der Hauptzweck war nicht nur das Volk, sondern vorzüglich die Halbgebildeten über die

---

[1] Gedruckt wurden die *Spelen van Sinne vol schoone allegatien . . . ghespeelt binnen Rotterdam den XX dach in Julio Anno 1561* und *Drijderley Refereynen ghepronuncieert opte Rhetorijckfeest der blauwe Acoleyen van Rotterdam 1561* (Antw. 1564 und Rott. 1614).

[2] Edw. van Even, *Het Landjuweel te Antwerpen in 1561*, Leuven 1861. Gedruckt wurden die *Spelen van sinne vol scoone moralisacien . . . ghespeelt binnen Andtwerpen den derden dach Augusti int Jaer ons Heeren 1561*, und die *Spelen van sinne . . . op Thaechspel naer Dlandtjuweel* (Antw. 1562).

[3] Neugedruckt von C. R. Hermans, *Geschied. der Rederijkers in Noord-Brabant* 286—295.

[4] Gedruckt sind *Diversche Refereynen ende Liedekens wt Hollant ende Zeelant, van verscheyden beminders der consten ghelesen ende gesongen in de Heerlycheyt van Heenvliet. Ten versoecke van Peeter Sterlinx den derden September 1580* (Antw. 1582).

[5] Gedruckt sind: *Refereynen ghepronunchieert opte intreden binnen der stede van Delft, den XX. Junij Anno 1581* (Delft 1581).

[6] s. *Den Lust-hof van Rethorica, waerinne verhael ghedaen werdt van de beschrijvingen ende t'samen-comsten der Hollantscher Cameren van de Reden-rijckers, binnen Leyden geschiedt den 26. Mey des Jaers 1596* (Leyden by Fransoys van Ravelengien 1596; andere Ausg. Leyden voor Jan Jansz. Orlers, 1596).

[7] s. *Der Redenrijke Constlief-hebbers stichtelicke Recreatie, waerin begrepen zyn tsestich seer schoone Refereynen ende Liedekens, ghepronuncieert ende ghesongen . . . binnen de stede Rotterdam, den 18., 19. en 20. Augusti 1599* (Leyden 1599).

wichtigsten Fragen der Zeit zu belehren. Die Rethoriker fanden sich die nämliche Aufgabe gestellt, wie den Journalisten unserer Zeit. Sie waren weniger Dichter als Volkslehrer; doch konnten sie nicht umhin, ihre Lehre anschaulich vorzustellen und in allegorischer Dichtform vorzutragen, weil das Volk sich nun einmal daran gewöhnt hatte und Gefallen daran fand. Deswegen konnten also die meisten Rhetoriker nicht viel anderes geben als conventionell gereimte Prosa, welche im besseren Falle einigen Witz zeigt, aber fast ohne dichterische Glut. Dazu kam noch, dass die Bestrebung, einander in Reichtum der Reime zu überbieten, die Dichter zwang, sich einer Menge französischer Wörter zu bedienen, welche doch schon während der burgundischen Herrschaft in grosser Anzahl in die Sprache, namentlich die Schriftsprache, eingeführt waren, so dass die Verse der Rhetoriker oft um mehr als die Hälfte aus französischen Wörtern bestehen, zum Teil nach den Regeln der französischen Syntax zusammengestellt. Dies alles macht ihre Gedichte für uns heutzutage ungeniessbar, ja fast unlesbar. Eine grosse Menge ihrer Dichtungen ist uns bewahrt geblieben, weil es im 16. Jahrh. der Brauch wurde, gleich nach dem Feste alles was da vorgetragen war, gesammelt herauszugeben.

X. DIE SCHAUBÜHNE DER RHETORIKER.

§ 31. Schauspiele und Schauspieldichter. Ausser geistlichen Spielen führten die Rhetoriker *biblische* Spiele und sogenannte *Sinnespelen* auf, beide den Mysterien entsprossen.[1] Die meistens symbolischen biblischen Spiele waren Erweiterungen der Scenen im Prophetenvorspiel der Mysterien, in welchem das Wunder der Erlösung in parabolischer Weise vorher verkündet wurde, z. B. *Tspel van Abrahams Offer* 1539 und *Van David* 1559 in Lier gespielt, *Van Joseph* 1532, *Van Moyses Doorn* und *Van Gideon,* beide 1565 in Oudenaarde auf die Bühne geführt; oder es waren allegorische Dramatisierungen der neutestamentischen Gleichnisse, wie z. B. *Het Spel van de V vroede ende van de V dwaeze Maegden,*[2] worin die weisen Jungfrauen auftreten unter den Namen «Vreese, Hope, Caritate, Gheloove und Ootmoedigheit», die thörichten aber unter den Namen «Tijtverlies, Roeckeloose, Hoverdie, Idelglorie und Zottecollatie», und das mit einer «duvelrye» schliesst; und die *Historie van de verloren Soon,* welche, wiewohl nur aus einem Druck von 1614 (Amst. by C. D. Cool) bekannt, wohl der ersten Hälfte des 16. Jahrhs. zuzuschreiben ist.

Die *Spelen van Sinne,* die bei den *Landjuweelen* am beliebtesten waren, waren demjenigen Teil der Mysterien nachgebildet, in welchem Gerechtigkeit, Gnade und Wahrheit vor dem Throne Gottes über die Erlösung des Menschen streiten. Ihren Namen entlehnten sie dem *Sinne,* d. h. dem in einer oder zwei Verszeilen ausgedrückten Gedanken, der bisweilen sprüchwörtlich war und das Thema des Spiels bildete. Die in den Sinnspielen auftretenden Darsteller waren bloss symbolische Figuren, personifizierte Tugenden und Untugenden. Die Spiele selbst waren gereimte Abhandlungen über moralische, theologische und politische Fragen, in welchen die Argumente in selbsteigener Person aktierten, statt vom Schriftsteller ausgesprochen zu werden. Die allegorischen Figuren, die das komische

---

[1] s. Jan te Winkel, *Bladzijden uit de Geschiedenis der Ned. Letterkunde* Haarlem 1881, 186—190, 208—215.

[2] Nach einer Hschr. des 16. Jahrhs. hrsg. von den „Vlaemsche Bibliophilen", Gent 1846.

Element vertraten, wurden *Sinnekens* genannt und traten zuweilen wie die englischen *Clowns* oder spanischen *Graciosos* auf in einem Zwischenspiel derb komischer Natur, wie es auch die *Duvelryen [Diableries]* in den Mysterien waren.

Auch viele kleinere Possen [*Cluyten* oder *Kluchten*, und auch wohl *Esbattementen* genannt] und *Tafelspeelkens* [Fastnachtspiele und Dreikönigespiele meistens von zwei Personen] wurden von den Rhetorikern verfasst. Eigentlich weltliche Spiele oder Ritterdramen sind uns nicht bewahrt geblieben und werden auch nur selten erwähnt, z. B. 1431 *Een Spel van Arnoute,* 1444 *Tspel van den wijghe van Ronchevale,* 1483 *Tspel van Florijsse ende van Blanchefloere,* alle von den Gesellen von Deinze gespielt, und 1498 *Tspel van Gryselle* von den Gesellen von Peteghem.[1] Ein *Spel van Griseldis* wurde 1556 noch in Lier aufgeführt und 1568 in Breda ein *Spel van de vier Heemskinderen.*

Wohl findet man öfter Spiele verzeichnet, aufgeführt zur Geburt, zur Verlobung, zur Heirath und zum feierlichen Empfang *(joyeuse entrée)* der Fürsten, und zur Feier eines ruhmvollen Sieges oder eines gewünschten Friedens. So wurde in Oudenaarde 1457 die Geburt Mariens von Burgund und 1459 die Geburt Ludwigs des XI. von Frankreich mit Schauspielen gefeiert, und 1496 in Lier die Vermählung Philipps des Schönen mit Johanna von Arragon. Vorzüglich in Gent wurden solche Festspiele aufgeführt. So wurde 1432 daselbst die Geburt des ersten Sohns Philipps von Burgund mit einem Spiel gefeiert, und 1483 der Friede von Atrecht und die Verlobung der Prinzessin Margaretha mit dem Dauphin von Frankreich. Zum Empfang Maximilians in Gent, 1485, wurde ein Festspiel aufgeführt. Esbattementen wurden gespielt: 1502 als die Nachricht gekommen war, dass Philipp der Schöne seine Reise nach Spanien glücklich vollbracht hatte, 1504 als er in Gent wiederkehrte, 1508 als der Friede von Kammerich geschlossen war und als Kaiser Maximilian in Gent feierlich empfangen wurde. Die letzte Feierlichkeit wurde von Jacop van Zeveren in Versen beschrieben. Die ruhmvolle Besiegung der Venetianer bei Vicenza, 1513, wurde von den *Barbaristen* in Gent mit Esbattementen gefeiert.

Nicht nur in Gent, sondern in mehreren niederländischen Städten wurden Schauspiele aufgeführt bei den *Joyeuses Entrées* Karls des Kühnen, 1468, und Karls des Fünften, 1515; allenthalb auch wurde die Geburt Karls V., 1500, mit Festspielen gefeiert. Eine Beschreibung der Feierlichkeiten zu Gent in 21 Refrainen ist der *Triumphe van die Gheboorte van Keyser Carolus, rhetorijckelicke ghestelt duer* Lieven Bogaert (oder Bautken), *Priester, Capellaen ende Factuer van den Barbaristen binnen Ghendt,* gedruckt in Geraert van Salenson's *Warachtighe Historie van Carolus de Vijffte* (Ghendt 1561 und 1564). Aus späterer Zeit haben wir noch eine gereimte Festbeschreibung von Cornelius Manilius: *Declaratie van den triumfe bewezen den Prince van Spaengien Philips binnen der stad van Gend* (Gent by C. Manilius, 1549).

Die Anzahl berühmter Rhetoriker, deren Namen uns erhalten sind, ist verhältnismässig gering, weil die Dichter ihre Werke nur mit dem Sinnspruch der Kammer oder ihrem eigenen Wahlspruch unterschrieben. Im 15. Jahrh. lebte u. A. Henrick Bal von Mecheln, der Dichter von *St. Gommaersspel,* das 1441 und *Dat Spel Onser liever Vrouwen,* das 1443 in Lier aufgeführt wurde, jetzt aber verloren. Für das Landjuweel in

[1] s. *Vaderl. Museum* V 11 f.

Lier 1466 schrieb er drei Stücke und auch noch 1475 wird seine Thätigkeit erwähnt.[1]

Unter allen Rhetorikern des 15. Jahrhs. ragte der Maurer Anthonis de Roovere[2] von Brugge (gest. 16. Mai 1482) hervor. Schon als siebzehnjähriger Jüngling erwarb er sich mit dem Refereyn: «Oft moederlijk herte lieghen mach?» den Titel «Princhе van Rhetorijke». Mit seinem *Lof van den heyligen Sacramente* machte er sich nachher berühmt. Er war Mitglied der Kammer *De Heilige Geest* in Brugge und erhielt 1465 von der Obrigkeit zu Brugge eine ehrenvolle Belohnung für seine vielen *Esbattementen.* Im Jahre 1466 wurden drei Dramen von ihm in Lier aufgeführt. Eines von diesen war wohl das allegorische *Spel van quicumque vult salvus esse,* worin der Dichter Juden und Heiden zur christlichen Religion zu bekehren versucht, zugleich aber die argen Sitten seiner christlichen Zeitgenossen tadelt, und das uns bewahrt geblieben ist in einer Handschrift von Cornelis Everaert.[3] Sein Dialog *van Pays ende Oorloghe* ist 1557 und 1578 in Antwerpen gedruckt. So grossen Namen hatte er sich gemacht, dass achtzig Jahre nach seinem Tode seine *Rethoricale Wercken* (Antw. 1562) noch herausgegeben wurden von dem damaligen Poeten Edewaerd de Dene (s. § 49). Darin finden sich nicht nur viele ernsthafte Refraine, sondern auch lustige und satirische Gedichte. Als Geschichtsschreiber Flanderns hat er auch sehr gute Prosa geschrieben (s. § 37). Sein Tod wurde mit einem Klagegedicht betrauert von seinem Freunde Jan Bortoen,[4] wohl derselbe wie Jan Brito von Doornick, gestorben in Brugge 1494, einer der ersten Buchdrucker, welche den Versuch machten, mit beweglichen Typen zu drucken.[5]

Zu den anderen Dichtern des 15. Jahrhs. gehört Andries van der Meulen,[6] der schon 1476 Scepenclerc von Oudenaarde war, und 1482 in Dienst trat bei der Witwe von Karl dem Kühnen, der Burgvögtinn von Oudenaarde. An dem Streit zwischen Gent und Oudenaarde, 1485, nahm er Teil mit einer heftigen Streitschrift gegen Gent. Unter seiner Führung und der seines Freundes Mr. Jan van Asselt gewannen die Oudenaarder *Paxvobianer* und die Gesellen der Kammer *De jonge rhetorijke* mit Sinnspielen Preise in den Wettkämpfen zu Mechelen (1493), Kortrijk (1495) und Antwerpen (1496). Aus dem Lateinischen übersetzte er *Een zuverlic boucxken van der ketyvigheit der menschelicker naturen,* das nach seinem Tode (Gendt 1543) gedruckt ist. Im Jahre 1501 wird er zum letzten Male erwähnt. Später (namentlich 1507) hatte Jan van Spiere die Führung der *Paxvobianer,* indem der Pastor von Roosbeke, Jan van de Vivere Faktor der Oudenaarder Kammer *De Kersouwe* war, die Geburt Philipps II. (31. Mai 1527) mit einem Sinnspiel feierte und 1530 eine Grabschrift auf Isabella von Dänemark aus dem Lateinischen von Cornelis de Schepper übersetzte.

In Gent werden 1483 Matthys van Rode und 1497 bis 1500 Mr. Vincent Stuerbaut als Dichter von Festspielen erwähnt.[7] Gielis de

[1] s. *Belg. Museum* VIII 291 f., 294—296.
[2] s. *Belg. Museum* VIII 294, IX 187—195, X 45 f.
[3] Ausg. von L. Scharpé, *Leuvensche Bijdragen* IV 155—193.
[4] In den *Rethoricale Wercken* und neugedruckt *Belg. Museum* IX 195 f.
[5] Von L. Gilliodts van Severen, *Annales de la société d'émulation pour l'étude de l'histoire de Flandre.* Ser. 5 IX (1897).
[6] s. *Belg. Museum* VI 397—408, VII 15—19.
[7] s. *Belg. Museum* X 386, 392, 395.

Rammeleere, von welchem ein *Testament* in achtzeiligen Strophen bewahrt ist,[1] war u. a. 1516 Dekan der *Fonteinisten.* Von Lambert Goetman ist uns ein Lehrgedicht *De Spiegel der Jongers* erhalten, das 1488 verfasst und in Antwerpen gedruckt ist.[2] Ein Antwerpener Refraindichter Mr. Jan Casus wird von 1490 bis 1501 erwähnt. Dichter der Brüsseler Kammer *Het Boeck* war Jan van den Dale, schon um 1500 preisgekrönt in einem von Philipp dem Schönen selbst veranstalteten Wettkampf. Von ihm sind zwei Dichtungen gedruckt: 1. *De Stove* (Antw. 1528), ein Zwiegespräch von zwei jungen Weibern in einer Badestube, worin die eine Freundin die andere lehrt, wie sie einen untreuen und trunksüchtigen Gatten mit Güte und Geduldsamkeit wieder zu einem guten Ehemann machen kann, und 2. die ausführliche allegorische Refraindichtung *De ure van der doot* (Loven 1543), welche sehr beliebt wurde, öfter gedruckt ist und sogar in einer franz. Übersetzung (Anvers 1594) zu lesen war.

Eins der berühmtesten Schauspiele des 16. Jahrhs. war die aus dem Hochdeutschen übersetzte *Comedie van Homulus* [Nimmegen 1556].[3] Das hochdeutsche Spiel aber war eine freie Übersetzung einer, vermutlich von Christianus Ischyrius aus Maastricht, lateinisch verfasste *Comoedia Homulus Petri Diesthemii* «Antverpie quondam in publico civitatum brabanticarum conventu vulgariter acta» [Coloniae 1536]. Das lateinische Spiel ist also einem niederländischen von Petrus Diesthemius entlehnt. Jetzt ist nachgewiesen,[4] dass es eine Umarbeitung ist von *Den Spyeghel der Salicheyt van Elkerlijc* [gedruckt in Delft um 1495],[5] das einen Menschen schildert, der nach allerlei, allegorisch vorgestellten, Versuchungen schliesslich durch Bekenntnis, Beichte, Marienkultus u. s. w. zur Seligkeit gelangt. Der Stoff ist offenbar dem bekannten Roman von Barlaam und Josaphat entlehnt.

Viel anschaulicher ist *Een abel spel van Mariken van Nieumeghen, die meer dan seven jaren metten duvel woende ende verkeerde,*[6] wahrscheinlich aus dem letzten Viertel des 15. Jahrhs. In diesem Spiel sehen wir, wie Mariken, von ihrem Oheim, einem Priester, aus Venlo nach Nijmegen geschickt, sich verspätet und genötigt ist, ein Nachtlager von einer bösen Muhme zu bitten, die ihr dieses verweigert, weshalb sie die Nacht auf der Strasse zubringen muss. So wird es dem Teufel (unter dem Namen Moenen) möglich, sie zu verführen, und sieben Jahre lang bleibt sie (unter dem Namen Emmeken) seine Buhle. Zuletzt aber kommt die Reue, und als sie tiefgerührt ein Wagenspiel von Mascaroen angeschaut hat, worin die Mutter Gottes als Advocata der Menschen auftritt, erwacht in ihr die Hoffnung, dass auch ihre

---

1 Ausg. von C. P. Serrure, *Vaderl. Museum* IV 117—121.

2 Neudruck von C. P. Serrure, Gent 1860.

3 Neudruck von C. P. Serrure, Gent 1857; s. C. P. Serrure, *Vaderl. Museum* I 34—40, 437—440.

4 Von G. Kalff, *Tijdschrift* IX 12—20.

5 Neudruck von H. Logeman, *Elckerlijk, a fifteenth century Dutch morality, and Everyman, a nearly contemporary translation,* Gand 1892, der darin auch einen Neudruck der englischen Fassung des Spiels gab, in welcher er eine Übersetzung sah. Ihm gegenüber meint K. H. de Raaf in seinem Neudruck vom niederl. *Spyeghel,* etc., Gron. 1897 nachgewiesen zu haben, dass das niederländische Spiel eine Übersetzung des englischen ist.

6 Ausg. von Ph. Blommaert, Gent 1854 nach einem Antwerpener Druck von Pauwels Stroobant, 1615, von J. van Vloten, 's-Grav. 1854 nach einem Utrechter Druck von Herman van Borculo, 1608; und von P. Leendertz Jr., *Mnl. Dram. Poëzie.* Gron. 1900 nach diesen und dem Antwerpener Druck von Willem Vorsterman. Eine englische Übersetzung: *Mary of Nimwegen, that was the Dyvels paramour* ist in Antwerpen von John Duisbroedge gedruckt.

Seele noch gerettet werden könnte, wenn sie sich bekehren wollte; und wirklich wird nicht nur ihre Seele, sondern durch ein Wunder auch ihr Leib gerettet, als sie von dem Teufel, dem sie zu entfliehen versucht, hoch in die Luft mitgeführt und von da heraus auf die Erde niedergeschmettert wird. Von ihrem Oheim wieder freundlich angenommen, bringt sie ihre letzten Lebensjahre büssend in einem Maastrichter Kloster zu.

Neben den ernsthaften Spielen sind uns auch mehrere, teils ergötzliche, teils zu grobe, aber immer drastische Possen aus dem 15. und 16. Jahrh. überliefert, z. B. die *Cluyte van Playerwater*,[1] in welchem Werrenbracht von seinem untreuen Weibe, das sich krank stellt, hinausgeschickt wird, um Playerwater (Spielwasser) zu holen, das natürlich nirgendwo zu finden ist, und von einem Hühnerverkäufer in seinem Korbe wieder ins Haus hineingetragen wird, wo er, selbst ungesehen, sein Weib und ihren Buhlen beim Schmaus eine Weile beobachtet und nachher, unerwartet aus dem Korbe hinausspringend, tapfer durchprügelt.[2]

Andere Possen sind: *Eene ghenouchlicke Clute van Nu noch* (d. h. noch einmal);[3] das *Esbatement van de Schuyfman*, womit 1504 die Kammer von Thienen zu Löwen den ersten Preis gewann;[4] die *Cluyte van Tielebuys, die wederom herdragen wilde sijn*, 1. Aug. 1541 gespielt in Diest;[5] die *Sotte cluyt van Pater Joost ende Broer Jan;*[6] *Een batement van den Katmaeker*, 1578 von der Haarlemer Kammer *Trouw moet blycken* gespielt;[7] und *Moorkensvel, van de quade wijven*, die Geschichte des widerspenstigen Weibes, das von ihrem Manne gezähmt wird, indem er sie in einer Rosshaut eingenäht liegen lässt, bis sie sich gefügt hat. In niederdeutscher Fassung ist dieses Spiel schon um 1545 in Lübeck gedruckt.[8] Der Stoff ist auch öfter behandelt, u. A. in einem englischen Gedicht. Vom niederländischen Spiel, das schon 1570 auf dem Index stand, ist aber keine ältere Ausgabe bekannt, als in der Sammlung *Veelderhande geneuchlijcke dichten, tafelspelen ende refereynen* (Antw. by Jan van Ghelen, 1600).[9]

Diese Sammlung enthält auch das schon 1584 einzeln gedruckte Gedicht *Jan Splinters Testament*, eine andere Fassung von *Uilenspiegels Testament*, und ausserdem viele grob komische *Refereynen* und drei *Tafelspelen* oder Zwiegespräche: 1. *Van een droncken man ende sijn wijf, hoe hem twijf dwinght de Lantaren te dragen;* 2. *Een boerenvastenavontspel* (von Hanneken Rane und Hans Meyer); und 3. *Van den ouden ende langhen Aernout.* Handschriftlich sind uns noch andere *Tafelspeelkens* bewahrt geblieben, nl.: *Van eenen man ende een wijf, gecleet up zijn boersche;*[10] *Van Ghewonelicke*

---

[1] Ausg. von F. H. Mertens, 1838, von H. E. Moltzer, *Mnl. Dram. Poëzie* Gron. 1868—75, 257—284 und von P. Leendertz Jr., *Mnl. Dram. Poëzie* Gron. 1900, 160—180.

[2] Die Quelle war ein mit dem deutschen Lied vom *Mann im Korbe* (s. Uhland, *Alte Volkslieder* 1844 Nr. 287) und dem engl. Spiel von *Johan the husband, Tyb his wife and Syr Jhon the preest* verwandter franz. Schwank, der auch noch im 18. Jahrh. bekannt war, s. Jan te Winkel, *Noord en Zuid, Bibliotheek* I 17—23.

[3] Ausg. von J. F. Willems, *Belg. Museum* II 107—120; von H. E. Moltzer, *Mnl. Dram. Poëzie*, 291—311 und von P. Leendertz Jr., *Mnl. Dram. Poëzie*, 198—212.

[4] Ausg. von G. Kalff, *Trou moet blycken. Tooneelstukken der 16 eeuw*, Gron. 1889, 1—25.

[5] Ausg. von J. van Vloten, *Het Ned. Kluchtspel*, Haarlem 1878 I 168—187.

[6] Ausg. von J. van Vloten, *Het Ned. Kluchtspel* I 130—149.

[7] Ausg. von G. Kalff, *Trou moet blycken* 261—285.

[8] Vgl. W. Seelmann, *Mittelniederdeutsche Fastnachtsspiele* 1—20. Derselbe gab mit Joh. Bolte auch das niederländische Spiel heraus in *Niederdeutsche Schauspiele älterer Zeit* 1—14.

[9] Neu gedruckt Leiden 1899, s. J. W. Muller, *Tijdschrift* XVIII 200—218.

[10] Ausg. von J. F. Willems, *Belg. Museum* II 121—134; von H. E. Moltzer, *Mnl. Dram. Poëzie* 312—328 und von P. Leendertz Jr., *Mnl. Dram. Poëzie* 186—197.

Vruecht ende Alwarich Voortstel, om up der dry coninghen avond te spelen;[1] *Van Meester Kackadoris ende een doof wijf met ayeren* (gedruckt 1596); *Van Jaep Seldenthuys, een schipper, ende Jasper Goetbloet, een boer* und *Van Moetwillig Bedrijf, een krijgsman, ende een boer, geheeten den Gemeenen Huysman.*[2] In einer Hamburger Handschrift, geschrieben von Wouter Verhee, der um 1545 geboren wurde, wahrscheinlich in Gouda, wo er Mitglied der Kammer *De Goudsblom* war, und der später in Amsterdam (1579) und in Enkhuizen (1581) wohnte, finden sich neben vielen Liedern noch fünf *Tafelspeelkens*, nl.: 1. *Van de letter en de geest;*[3] 2. *Van onlijtsaemheit ende broederlick onderwijs;*[4] 3. *Van eerlick leven ende salich sterven;* 4. *Van de Vasten en de Vastenavond,*[5] und 5. *Van twee bedelaers.*[6] Auch haben wir einige *Bruytspraken* oder «Battementen om over een bruytstafel te spreken», u. A. in *Dboec der amoreusheyt* (Antw. by Guillam van Parijs, 1580).

Bühnendichter des 16. Jahrhs., von welchen uns Schauspiele erhalten sind, waren in den südlichen Niederlanden, ausser Cornelis Everaert (s. § 32) und Matthijs de Castelein (s. § 33), u. A. Jan van den Berge, mit dessen *Esbatement van Hanneken Leckertant*[7] die Antwerpener *Violieren* 1541 den höchsten Preis in Diest gewannen, Colijn van Rijssele, dessen *Spiegel der Minnen*, 1561 in Haarlem (1577 in Antw., 1617 in Rotterdam) gedruckt, «in ses Batement-Spelen die seer amoreuse Historie van Dierick den Hollandere ende Katharine Sheermertens, eertijts gheschiet binnen Middelburch» enthält, Peeter de Herpener, dessen *Factie oft Spel van den Violieren binnen Antwerpen gespeelt den 23. Febr. 1556 tot verhueghinghe der ghemeynten duer de blijde tijdinghe des Bestandts* in demselben Jahre gedruckt ist,[8] Mr. Jan Moerman oder Jan van den Kiele, Mitglied der Antwerpener Kammer *De Olyftack*, der zusammen mit seinem erzählenden Lehrgedicht *Den Boomgaert der belgischer poëteriën* (Antw. 1581) noch *Ses rethorijckelijcke waghenspelen, besluytende de ses eerste Capittelen von S. Jans Openbaringhe* herausgab (vgl. noch § 49), und De Smet, Mitglied der Kammer *De Rosiers* in Dendermonde, von welchem ein *Tafelspel van Ydellustken, Willeken-noyt-genoech en Buycxken-selden-sat* noch handschriftlich bewahrt ist.[9]

Ein nordniederländischer Bühnendichter aus der ersten Hälfte des 16. Jahrhs. war Goossen ten Berch, Mitglied der Amsterdamer Kammer *De Eglentier*, der Verfasser von *De Historie van Piramus en Thisbe, genaempt de sinnelycke Genegentheyt,*[10] einem Sinnspiele von vier allegorischen Personen: Sinnelycke Genegenheyt, Hertelycke Lust, d'Amoreuse und Poetelyck Geest, welche eine so grosse Einbildungskraft besitzen, dass die Liebesgeschichte von Piramus und Thisbe, die sie sich während ihres Disputierens vorstellen, auch wirklich abermals vor ihren Augen (und also auch vor den Augen der Zuschauer) abgespielt wird. Das Stück

---

1 Ausg. von J. F. Willems, *Belg. Museum* II, 102—106; von H. E. Moltzer, *Mnl. Dram. Poëzie* 285—290 und von P. Leendertz Jr., *Mnl. Dram. Poëzie* 181—185.
2 Ausg. von J. van Vloten, *Het Ned. Kluchtspel* I 53—59, 65—71.
3 Ausg. von G. Kalff, *Tijdschrift* V 157—166.
4 Ausg. von G. Kalff, *Tijdschrift* V 168—174.
5 Ausg. von J. van Vloten, *Het Ned. Kluchtspel* I 206—215.
6 Ausg. von J. van Vloten, *Het Ned. Kluchtspel* I 194—205.
7 Ausg. von G. Kalff, *Trou moet blycken* 55—80.
8 Neudruck von J. F. Willems, *Belg. Museum* II 241—258.
9 s. Jan Broeckaert, *Rederijkersgedichten der XVI eeuw*, Gent 1893, IX—XI. In dieser Sammlung ist ein Dendermonder Sinnspiel gedruckt 1—42.
10 Ausg. von G. Kalff, *Trou moet blycken*, 27—53.

schliesst mit einer geistlichen Deutung dieser Geschichte: Piramus bedeutet Christus, Thisbe seine Braut und der Löwe den Teufel.

Zeitgenosse von Goossen ten Berch war der bekannte Maler Jan Schoorl (geb. in Schoorl bei Alkmaar 1. Aug. 1495, † 6. Dec. 1562), welcher nicht nur ein guter Schütze und Musiker war, sondern auch, wie Karel van Mander sagt, ein «Poët of Rethorisijn, die veel fraey spelen van sinne, Batementen, Refereynen en Liedekens heeft gemaect». Seine Kenntnis des Lateinischen, Italienischen, Französischen und Hochdeutschen war gewiss seiner Muse förderlich: Schade also, dass wir keine seiner poetischen Leistungen mehr kennen.

Der berühmteste Haarlemer Schauspieldichter war Lourens Jansz, Faktor der Kammer *De Wyngaertrancken,* der sich auszeichnete durch wenigstens 15 noch handschriftlich erhaltene Sinnspiele und ergötzliche Possen, u. A. *Tspel van meest al die om pays roepen,* geschrieben im Jahre des Friedens von Chateau Cambresis 1559; *Een spel vant Coren,*[1] gegen die Kornaufkäufer gerichtet (4. Nov. 1565 verfasst); ein Sinnspiel *Hoe dat menich bedruct hart door eygen vernuft en valsche perswacy gebrocht ende verleyt wert* (1577); ein anderes *Hoe dat Goetheyt ende Lyefde presenteren, haer eenige dochter genaemt Eendracht te geven aen Veel Volcxs* (1579); *Tspel van de gebooren blinde* (1579); *Een spel van sinnen, hoe Goodts ordonancy elck Mensch een staet stelt om in te leven* (vollendet 27. März 1583); die freilich etwas profane, doch jedenfalls merkwürdige, gegen die römische Kirche gerichtete *Cluyt van onsen lieven Heers minnevaer,*[2] u. s. w.

Für die Haarlemer Kammer *De Wyngaertrancken* dichtete später Jan Prins, von welchem zwei Spiele handschriftlich erhalten sind: *Van die daet der tirannen* und *Van d'eenvoudige mensch, die soect daer hy Crysto best mee behaghen can* (1597). In derselben Zeit war Pieter Aelbertz Faktor der älteren Haarlemer Kammer *De Pellicaen.* Von ihm wurde ein Sinnspiel *Der Machabeën* 11. Jun. 1590 in Haarlem aufgeführt. Mitglied der Kammer *De Goudsblom* in Gouda war mehr als dreissig Jahre der Oudenaarder Rhetoriker Ryssaert van Spiere, der mehrere Spiele verfasste, u. A. ein *Spel van Sinne van de Loterye te Santvoort,*[3] womit er im Dichtwettkampf zu Zandvoort, 1597, den ersten Preis gewann.

§ 32. Cornelis Everaert. Mit seinen Theaterstücken, von denen uns 35 in einer autographischen Handschrift[4] erhalten sind, zeichnete sich von 1509 bis 1534 der Färber und Walker Cornelis Everaert aus, der «clerc van den archieren» (Bogenschützen) und Faktor der Kammer *De drie Santinnen* in Brügge war, und mit grosser Freimütigkeit die sozialen Verhältnisse und Übel der Zeit auf die Bühne führte. Die Darstellung seiner Spiele wurde sogar bisweilen von der Obrigkeit untersagt, weil er, wie er selbst schreibt, zu aufrichtig darin die Wahrheit sagte. Dieses war namentlich der Fall mit *Tspel van den Crych* (Crych = Gewinnsucht), in welchen auch die Geistlichen, «roedraeghers, clercken, costerkins, capelaenen, prochghyepapen, cannueneken ende prelaeten» ihrer Habsucht wegen scharf getadelt werden, und *Tspel van dongelijcke munte* (1530), das die Verschlechterung der Münzen (wogegen Kaiser Karl V. 1531 Massregeln

[1] Ausg. von G. Kalff, *Trou moet blycken,* 219—259.

[2] Ausg. von J. van Vloten, *Het Ned. Kluchtspel* I 149—168.

[3] Gedruckt in *Drie nieu Spelen van Sinnen, ghestelt op trouwe gaerde, door Ryssaert van Spiere van Oudenaerde.* Goude 1616. Die andern Spiele sind: *Spel van sinne van den christelijcken ridder* und *Spel van Sinne, ghenomen uyt het 12 cap. Apocalips vers. 1.*

[4] Ausg. von J. W. Muller und L. Scharpé, Leiden 1898—1900.

nehmen musste) behandelt, und worin dem Handwerker der Stab der Patientia und der Volksmenge eine Papierrolle mit den Worten: *Die lijdt verwint* (Wahlspruch der Kammer *De drie Santinnen*) in die Hand gegeben wird. Nachdem dieses Spiel verboten war, schrieb er ein anderes soziales Stück: *Tspel van Groot Labuer ende sober wasdom.*

In allen Gattungen des Dramas hat er sich versucht, hervorragend aber war er in der Posse. Festspiele schrieb er zur Feier der Schlacht von Pavia, 1525, nl. *Tspel van den Hooghen Wynt* (d. h. Frankreich) *en den Zoeten Reyn* (Regen, d. h. Karl V.) und *Tspel ter eere van de Aragoenoysen*, und 1526 zur Feier des Madrider Friedens *Tspel van de Pays* und *Van Gewillich Labuer ende Volc van neerynghe.* Religiöse Festspiele von ihm sind *Tspel van den wellecomme van den predicaren int capyttele provinciael* (1523), *Van den nyeuwen priestere,* mit einem Angriff gegen Luther, und *Tspel van eender Jubile,* nl. das fünfzigjährige Einkleidungsjubiläum vom Minoriten Jan Touteclocke, 1534 in Brügge gefeiert.

Ein Parabelspiel *Van den Wyngaert* (nach Matthäus XX v. 1—16) schrieb er 1533; ein Mirakelspiel, *Tspel van Maria hoedeken* (1509) ist das älteste datierte Schauspiel, das wir von ihm kennen. Mehrere Sinnspiele hat er gedichtet, vorzüglich zur Ehre Mariens, nl. *Van Maria ghecompareirt by de claerheyt* (1511), *Van Maria ghecompareirt by de stede van Jherusalem, in glorien gheresen*, das er zusammen mit Gillis van den Houcke verfasste, und womit er 1527 in Nieuwpoort einen Preis erhielt; *Van Maria gheleken by den throon van Salomon*, 1529 gespielt von den Veurner Rhetorikern «ten Thuundaghe van Ypre» und mit dem dritten Preis bekrönt, *Van Maria ghecompareirt by den Scepe*, womit er 1530 in Werwik einen Preis gewann, und ausserdem *Van Sinte Pieter ghecompareirt by der duve*, 1531 von den Veurner Rhetorikern in Steenvoorde aufgeführt, und *Tspel van Ghemeene Neerynghe,* das den Verfall der Gewerbe in seiner Zeit behandelt. Sein erstes Wagenspiel war *Tspel van eens anders Welvaren* (1511).

Nicht weniger als elf Possen oder Esbattementen besitzen wir von ihm: 1. *Vant Wesen* (1512), in Nieuwpoort bekrönt; 2. *Van den Coopman die vyf pondt grooten vercuste* (1513); 3. *Van Scamel Ghemeente ende Trybulacie;* 4. *Van der Vigilie* (1526); 5. *Van Boerdelic Pleghen ende Genoughelic Voorstel* (1526), gespielt bei dem «Steecspele van Ghistele»; 6. *Van Stout ende Onbescaemt* (1527); 7. *Van den dryakelprouver* (1528); 8. *Van Aerm in de buerse*, 1529 gespielt in Yperen von den Veurner Rhetorikern; 9. *Van Tilleghem;* 10. *Van der Nichte,* eine Geschichte, welche angeblich in Gent geschehen war, und 11. *Van den Visscher,* die ergötzliche Geschichte von zwei Eheleuten, welche, in Todesnot geraten, einander die Sünden beichten, welche sie gegen einander begangen haben, welche aber, als die Gefahr vorüber ist, ganz anders zu deuten versuchen, was sie vorher gestanden haben. Natürlich ist auch hier das Weib verschmitzter als der Mann, der betrogen hinauskommt. Schliesslich haben wir von Everaert noch fünf *Tafelspeelkens*, alle am Dreikönigeabend gespielt: 1. *Van der beke* (1512); 2. *Van den Berch;* 3. *Van Joncheyt ende Redene;* 4. *Van de zeven bloetsturtynghen* (1530) und 5. *Up een hoedeken van Marye* (1530).

Mehr als alle anderen Spiele geben uns die vielartigen Stücke von Cornelis Everaert eine Einsicht in die Dramaturgie des 16. Jahrhs. und zugleich auch in die Technik der Theaterregie dieser Zeit, da in der Handschrift allerlei, zum Teil sehr ausführliche, Notizen über Aufführung, Dekoration und Kostümierung zu finden sind.

§ 33. Matthijs de Castelein. Wenn eine Kunstrichtung ihren Höhepunkt erreicht hat, treten als Vorläufer eines bevorstehenden Verfalls die Kunstlehrer auf, um die Prinzipien, nach welchen die Dichter gearbeitet haben, in ein System zusammenzubringen. So trat Boendale im 14. Jahrh. als der erste niederländische Aesthetiker auf, so, als der zweite, im 16. Jahrh. Matthijs de Castelein, der zwei Jahre vor seinem Tode (er starb 1550) ein Gesetzbuch der Dichtkunst abfasste, das unter dem Titel *De Const van Rhetoriken* 1555 zuerst (Ghendt by Jan Cauweel)[1] gedruckt wurde.

Dieses ist ein in mancher Hinsicht merkwürdiges Buch, ganz in Strophen geschrieben von einem kunsterfahrenen Rhetoriker, dem geübtesten vielleicht seiner Zeit, und nicht ohne dichterische Begeisterung. In einer Einleitung giebt er vor, dass in einem Traum Mercurius, von Apollo zu ihm geschickt, ihn aufgefordert hätte, dieses Werk zu verfassen, und nur zögernd, weil unter den *Fonteinisten* in Gent so viele gute Künstler waren, hatte er den Auftrag angenommen aus Liebe zur Kunst und aus Ärger über die vielen Kunstverderber seiner Zeit. Lang hatte er über seine Kunst nachgedacht, und seine Vorschriften sind zum grösseren Teil davon die Früchte. Doch hat er auch eine Prosaabhandlung *L'art de rhétoricque* vom französischen Dichter Jehan Molinet († in Valenciennes 1507) benutzt. Wer den Charakter der Rhetorikerdichtung überhaupt und alle Arten und Gattungen ihrer künstlich gebauten Strophen besonders zu kennen verlangt, braucht nur dieses Werk gründlich durchzustudieren: der Verfasser war seiner Zeit der hochverehrte Gesetzgeber im Reiche der Dicht- und Reimkunst. Ich darf also nicht unterlassen, hier eine Übersicht dieser Kunstlehre zu geben.

Was die poetische Sprache angeht, fordert De Castelein zuerst Verständlichkeit und Sinnreichheit der Wörter, welche nicht gegen den allgemeinen Brauch verstellt werden dürfen, denn mit Horaz ist er einverstanden, dass der Usus die höchste sprachliche Autorität ist. Doch sind Neubildungen nicht unbedingt zu verwerfen: sie sollen aber die Schönheit der Gedichte erhöhen. Besonders soll der Dichter Rhythmus und Reim rein halten; jedoch nur die Laute reimen, nicht die Buchstaben. Gedichte werden verfasst für die Ohren, nicht für die Augen. Die Reimwörter sollen gleichen Accent haben; Assonanz ist kein Reim; auch die rührenden Reime der Franzosen verwirft er, nicht nur wenn die Reimwörter vollkommen übereinstimmen (dieselben nennt er *rediten*), sondern auch, wenn sie einen Unterschied in der Bedeutung machen *(equivoquen)*. Gleichmässige Abwechslung von männlichen und weiblichen Reimen, wie sie die Franzosen eingeführt hatten, fordert er nicht; nur vergreife der Dichter sich nicht gegen die Forderungen des Wohllauts. Er vermeide den Hiatus, die Häufung von Vokalen und Monosylben. Verszeilen, die miteinander reimen, sollen eine gleiche Anzahl Versfüsse haben; sonst ist Abwechslung zu empfehlen. Es soll möglich sein, eine Verszeile zu sprechen, ohne Atem zu schöpfen: aus mehr als fünfzehn Silben also soll eine Verszeile nicht bestehen. Zu gestrenge Vorschriften will er aber nicht geben, doch wer nicht ernstlich sich zu üben und nicht den Kunstregeln zu folgen bereit ist, schreibe Prosa und keine Verse.

Über die Form der Strophen finden wir bei De Castelein ausführliche Vorschriften, die er mit eigenen Dichtproben [18 *Baladen*, 38 *Refereinen* und manchen *Rondeelen* und Dichtungen anderer Art] erläutert. Die

[1] Weitere Ausgaben Ghendt 1571, o. J. und 1573, Rotterdam 1612 und 1616.

einfachste Dichtform ist das *Regeldicht* (Verse, die paarweise miteinander reimen); De Castelein's eigene beliebteste Strophe ist die *Balade*, von sieben bis neun Zeilen, mit oder ohne *Steert* oder stropheabschliessender Halbzeile, und mit «gecruust ofte oversleghen» Reim. Seine Dichtlehre selbst ist geschrieben in der Form der *Balade van achten metten steerte* (Reimschema: abaabbaba). Strophen von zehn bis zwanzig Verszeilen, welche die Schlusszeile oder *Stock* gemein haben, heissen *Refereynen* (von *refererene* so genannt, wie er sagt). *Rondeelen* sind kleine Gedichte mit dem Reimschema: abaaabab, worin ein Vers, gewöhnlich das erste, dreimal wörtlich wiederholt wird. Bei den *Ketendichten* reimt das Schlusswort der einen Zeile mit dem Anfangswort der nachfolgenden. *Retrograden* kann man ebensogut mit dem letzten Worte anfangen zu lesen wie mit dem ersten, ohne dass Sinn und Reim zerstört werden. Weiter werden noch *Lieder* (oft vom Dichter mit selbsterfundener Melodie gesungen), *Chaertkens* und *Minnebrieven* besprochen; und nur wer in allen genannten Dichtarten sich genügend geübt hat, sagt De Castelein, darf mit *Tafelspeelkens* und nachher allmählich mit *Esbatementen* und *Spelen van sinne* anfangen.

Um nicht der Unvollständigkeit beschuldigt zu werden, hat De Castelein dieser Kunstlehre noch eine Übersicht der «Rethorike extraordinaire» angehängt, da auch Molinet diese behandelte. Besonders eingenommen war er aber nicht von diesen zu künstlichen Dichtformen, wie die *sesse baladen in éene,* die *intricate baladen* und *scaeckberden* von 64 Verszeilen, in einem Quadrat so verteilt, dass sie in jeder Richtung gelesen eine achtzeilige Strophe bieten. Noch nennt er *Dobbelsteerten* oder Verszeilen mit zwei Reimwörtern, *Simpletten* oder Gedichte mit nur einem Reim, *Dobbletten* mit nur zwei Reimen, *Aldicht,* wovon jedes Wort der einen Zeile reimt mit einem Wort der anderen, z. B.:

«Voort, zyt niet moe! Wilt my saen versinnen!
Hoort, zwyt, siet toe! Stilt', wy gaen beginnen;»

Incarnaties oder Zeitgedichte und tolle *Ricqueracken* und *Baguenauden,* welche er aber verwirft.

Nach dem Stoff unterschied er noch die folgenden Dichtarten: *Deffianchen* (Aufforderungen), *Interrogaties, Geraedsels*, *Cocorullen* (Spott- und Tändelverse), *Sermoenen* (er selbst schrieb ein komisches *Sermoen van Sente Reinhuut,* dem Patron der Zecher), *Parabolen*, *Moralen*, das *Benedicite metter Gratien* (Gebete vor und nach der Mahlzeit), *Paternoster, Endelveers* (letzte Gebet des Sterbenden), und zuletzt die *Epitaphien* oder Grabschriften. Auf Veranlassung vom Gentener Rhetoriker Henrick van den Keere wurden für De Castelein selbst acht Epitaphien gedichtet.[1]

Matthijs de Castelein[2] wurde 1485 in Pamele (Oudenaarde) geboren und ist April 1550 gestorben. Er war seit 1508 Priester und später Diakonus der Pfarrkirche von Pamela, seit 1530 Notarius apostolicus, und Faktor der *Kersouwieren* und *Paxvobianen* in Oudenaarde, für welche er, wie er selbst mitteilt, 36 *Esbatementen,* 38 *Tafelspelen,* 30 *Wagenspelen* und 12 *Sinnespelen* schrieb, welche jedoch niemals gedruckt und jetzt wohl alle verloren sind, ausser dem von ihm für das Gentener Landjuweel, 1539, verfassten Sinnspiel, und dem ausführlichen rhetorischen Drama

[1] Nur gedruckt in der Ausg. der *Conste van Rhetoriken,* Ghent by Ghileyn Manilius 1573.

[2] s. J. van Leeuwen, *Matthijs de Castelein en zijne Const van Rhetoriken,* Utrecht 1894 und *Bibliotheca Belgica* C 153—160.

Historie van Pyramus en Thisbe,[1] worin Pyramus als Christus und Thisbe als die menschliche Natur gedeutet wird. Weiter sind von ihm noch herausgegeben die *Baladen van Doornycke,*[2] in welchen er die verschiedenen Schicksale der Stadt Doornik und namentlich ihre Eroberung durch Karl V. (30. Nov. 1521) mit grosser Gelehrsamkeit und Gekünsteltheit erzählt. Ein Band mit 30 *Diversche Liedekens,* vielleicht schon vor 1548 gedruckt,[3] ist, trotz der grossen Menge von Fremdwörtern, des Wohllauts und Witzes wegen lobenswert, und zeigt, dass dieser Geistliche dem weltlichen Genuss und der sinnlichen Liebe gegenüber bei weitem nicht so gleichgiltig war, als man seinem Stande nach erwarten sollte. Als er schon Priester war, wurde er (1519) Vater eines Sohns, Abraham de Castelein, für welchen er 1547 eine Leibrente kaufte. Sein Nachfolger als Faktor der Oudenaarder Rhetoriker war Jan Delmeire.

XI. DIE LYRIK DES 15. UND 16. JAHRHUNDERTS.

§ 34. Die Lyrik der Rhetoriker. Das 15. und 16. Jahrh. war reich an Liedern allerlei Art. Man kann sie einteilen in weltliche und geistliche, die jedoch an Ton und sogar an Inhalt nicht so sehr verschieden sind, wie es jetzt wohl der Fall sein würde.

Die weltlichen Lieder[4] sind entweder bloss lyrisch oder lyrisch-episch, und unter beiden Arten finden sich nicht wenige, welche von den Rhetorikern verfasst sind. Diese verraten sich gleich nicht nur durch das Wort *Prinz* in der letzten Strophe (vgl. § 29), sondern auch vorzüglich durch die französisch gefärbte Sprache, den mehr galanten als sentimentalen, mehr moralischen als lasciven Inhalt, und öfters auch durch Refrain und gekünstelte blumige Gleichnisse. Viele von diesen sind gesammelt in *Dboeck der Amoreusheyt, inhoudende diversche Minnebrieven, Refereynen, Baladen,* etc. (Antw. by Guillam van Parijs, 1580). Darin finden sich u. A. Lieder von Matthijs de Castelein und Marcus van Vaernewijck.

Die Lieder der Rhetoriker sind Minnelieder [*int Amoreuse*], Trinklieder [*int Sotte*] und ernsthafte Lieder [*int Vroede*], unter welchen die Neujahrslieder eine vorzügliche Stelle einnehmen, z. B. die *Nieu Jaar Liedekens* (gedruckt in Amst. von Harmen Janszoon), welche die Amsterdamer Kammer *De Eglentier* von 1581 bis 1608 ausgab, und die Geschichtslieder[5] besonders

---

[1] Zuerst hrsg. von Henrick Peeterssen van Middelburch in Antwerpen ohne Jahr; später Ghendt 1573, Rott. 1612 und 1616.

[2] Die älteste uns erhaltene Ausgabe ist von 1571 (Ghendt, Wed. van Gheeraert Salenson); später Ghendt o. J. und 1573, Rott. 1612 und 1616.

[3] Wir haben keine andere Ausgaben als von Ghileyn Manilius, Ghendt 1574 und von Jan van Waesberghe, Rotterdam 1616.

[4] Lit.: G. Kalff, *Het Lied in de Middeleeuwen,* Leiden 1883; Jan te Winkel, *Tijdspiegel* 41, 3 (1884), 194—211, 286—310. Liedersammlungen sind: *Een Schoon Liedekens-boeck van Jan Roulans,* Antw. 1544 [neue Ausg. von Hoffmann von Fallersleben 1855]; *Een Aemstelredams Amoreus Lietboeck* (Amst. by Harmen Jansz. Muller 1589), s. Joh. Bolte, *Tijdschrift* X 175—202. Spätere Sammlungen sind: Hoffmann von Fallersleben, *Holländische Volkslieder, Horae Belg.* II 2. Ausg. Breslau 1856; J. F. Willems, *Oude Vlaemsche Liederen,* Gent 1848; E. de Coussemaker, *Chants populaires des Flamands de France,* Gand 1856; A. Lootens und J. M. E. Feys, *Chants populaires flamands,* Bruges 1879; M. Böhme, *Altdeutsches Liederbuch,* Leipzig 1877; und F. van Duyse, *Het Oude Ned. Lied. Wereldlijke en geestelijke liederen uit vroegeren tijd. Teksten en Melodieën,* 's-Grav.-Antw. 1900 ff.

[5] s. Paul Fredericq, *Onze historische Volksliederen van vóór de godsdienstige beroerten der 16. eeuw,* Gent 's-Grav. 1894. Eine unvollständige Sammlung gab J. van Vloten, *Nederlandsche Geschiedzangen,* Amst. 1864. Zum Teile finden diese Lieder sich auch in R. von Liliencron, *Die historischen Volkslieder der Deutschen* Leipzig 1865—69.

hervorragen. Letztere, welche meistens durch Frische und Anschaulichkeit anziehen, dürfen jüngere Ausläufer des alten Stammes der epischen Poesie genannt werden. Sehr viele von diesen könnten als wertvolles Material verwendet werden von demjenigen Geschichtsforscher, der ernstlich sich bestrebt, einzudringen in den Geist des Volks während der Regierung Maximilians und Karls V. Von diesen Geschichtsliedern sind hervorzuheben, die Lieder: *Van mijn here van Lelidam* (d. h. Lisle-Adam 1437);[1] *Van drie lantsheeren geboren wt Nederlant: Cleve, Hoorne ende Batenborch*,[2] welche 1450 über Venedig nach Jerusalem fuhren; *Van den Slach van Blangys* (oder Guinegate, 1479);[3] *Van Vrou Marie van Bourgoengien* (Klagelied über ihren Tod, 1482);[4] *Van Fransoys van Brederoede* (1489);[5] *Van keyser Maximiliaen*, eine romantisch gefärbte Erzählung seiner unglücklichen Verlobung mit Anna von Bretagne (1490);[6] *Van die sceidinghe van Philips van Oosterijck ende van sijnder suster, die schone Margriete* (1496);[7] zwei Lieder *Van den hertoch van Geldre* (1505 und 1516),[8] ein Klagelied über *Den doot van coninc Philips* (1506),[9] ein Schimpfgedicht auf Venedig, 1514 (in Antwerpen gedruckt); ein *Adieu van die coninginne van Denemercken* (Karls Schwester Isabella, gestorben in Zwijnaerde bei Gent 1526);[10] ein Adieu von Karls Gattin Isabella von Portugal († 1539);[11] viele Lieder von dem Geldrischen Krieg und von Maarten van Rossum (1541—1543)[12] und viele Lieder von dem Krieg mit Frankreich (1553—1558), u. a. *Van de Bourgoinsche herten, als wanneer sy de Fransoisen sloughen by Grevelinghe* (1558).[13]

Bisweilen gehört der Inhalt dieser epischen Lieder nicht der eigentlichen Geschichte, sondern der Chronique scandaleuse der Zeit an, wie es z. B. der Fall ist mit dem Lied von *Gerrit van Raephorst*,[14] worin der Raub von Katharina de Grebber durch Gerrit van Raephorst, 11. Sept. 1508, zwischen Wassenaar und Leiden, erzählt wird.

§ 35. Volkslieder und Reiterlieder. Neben diesen nationalen Liedern haben wir noch andere eigentliche Volkslieder, die uns lustige Scenen aus dem Volksleben vorführen, z. B. das Lied *Van Claes molenaer*,[15] einem der vielen Müllern, welche wie plebejische Don-Juans in der Volkspoësie auftreten und denen sogar muntere Müllerinnen zur Seite stehen, z. B. im Liede *Vant lose Visschertje*[16] mit der Anfangsstrophe: «Des winters als het reghent, dan sijn de paedjes diep, ja diep; dan komt dat lose visschertje visschen al inne dat riet: met sinen rijfstock, met sinen strijckstock, met sinen lapsack, met sinen cnapsack, met sine leere

[1] Ausg. von *Jan Roulans* Nr. 65, Liliencron I 354.
[2] Ausg. von *Jan Roulans* Nr. 109, Willems, *O. L.* Nr. 26.
[3] Ausg. von *Jan Roulans* Nr. 6, Liliencron II 160.
[4] Ausg. von *Jan Roulans* Nr. 126. Vgl. R. Priebsch, *D. Hsch. in England*, I 231 f.
[5] Ausg. von J. Koning, *N. Werken der Maatsch. der Ned. Lett.* I 2 (1825) 141—182.
[6] Ausg. von *Jan Roulans* Nr. 115.
[7] Ausg. von J. F. Willems, *Belg. Museum* IX 146—149.
[8] Ausg. 1° von C. P. Serrure, *Vaderl. Museum* IV 187—189; 2° in *Het Haerlems Oudt Liedtboeck* (27. Aufl. Amst. 1766) S. 70, Liliencron III 205.
[9] Ausg. von A. Lootens und J. M. E. Feys, *Chants populaires flamands* 74 f.
[10] Ausg. von *Jan Roulans* Nr. 125, Willems, *O. L.* Nr. 29.
[11] Ausg. von *Jan Roulans* Nr. 187.
[12] Ausg. von *Jan Roulans* Nr. 211, 177, 197, 181, 217, 175, 182, 195, 219, 190, 220, 210, Liliencron IV 202—236.
[13] Ausg. von E. de Coussemaker, *Annales du comité flamand de Flandre* I (Duinkerke 1854) 179—183.
[14] Nur gedruckt in *Het Haerlems Oudt Liedtboeck*; vgl. Jhr. C. A. van Sypesteyn, *Holland in vroegere tijden*, 's-Grav. 1888, 239—248.
[15] In *Liedekensboeck van Jan Roulans* Nr. 15.
[16] In Hoffmann, *Horae Belg.* Nr. 53, Willems, *Oude Vlaemsche Liederen* Nr. 116.

van diredomdeere, met sine leere leersjes aen». Zu den bekanntesten Volksliedern gehört auch das, im 17. Jahrh. von Samuel Coster dramatisch bearbeitete Lied: *Een boerman hadde een dommen sin*,[1] von einem Bauer, der, um nur eine Nacht die Liebe eines Fräuleins zu geniessen, seinen ganzen Wagen mit Holzbündeln preisgab, mit List aber ihn wiedergewann. Aus einem Narrengilde hervorgekommen ist das Lied *Van den boonkens*,[2] weil die Narrheit vorzüglich gedeiht, wenn die Bohnen blühen und die «Sotten ende Sottinnekens in de boonen zijn», wie man sagt. In dieser Zeit tanzten sie und sangen dazu: «Coppelt aen een: den nacht is lanc; ey Goddanc![3] Ein anderes Tanzliedchen, das jetzt noch von den Kindern gesungen und dargestellt wird, ist das *Patertje*: «Daer ginc een patertje langs den cant: Hey! t was in de Mey!»[4] Eine schalkhafte Aufforderung zum Tanz ist das Lied *Vant kwezelken*: «Seg, kwezelken, wildegy dansen» oder «Dans, nonneken, dans».[5] Ein frech-munteres Mäherlied ist das Lied: «Te Kieldrecht, te Kieldrecht, daer zijn de meiskens koene: zy vryen totter middernacht en slapen totten noene — Ic maey: is dat niet fraey? — en slapen totten noene».[6] Sentimentaler sind gewöhnlich die Lieder, welche beim Pflanzen des Maibaumes gesungen wurden, z. B. «*Och ligdy nu en slaept*»,[7] «*Die winter is verganghen*»[8] und andere.[9]

Viele Lieder haben einen internationalen Charakter und können zusammengefasst werden unter den Namen von *Reiterliedern*, welche zum grösseren Teil von deutschen Söldnern [Reitern und Landsknechten] aus Deutschland eingeführt sind, wie auch noch öfters an der Sprache bemerkbar ist. Es sind zum Teil Trinklieder, Schelmen- und Vagantenlieder, gesungen von den Gesellen, welche in der Höhle zu «Plattenborse» wohnen, Herrn «Van Seldenvroet» dienen, Sinte Noywerc, Sinte Luyaert und Sinte Reinuut zu Patrone haben und zu ihrem Wahlspruch «myn keelken moet wynken drincken, al sou mijn voetken bervoets gaen.»[10] Sich selbst haben die zechenden, raubenden und buhlenden Reiter anschaulich gezeichnet in den Liedern *Van die gesellen van Rosendael*,[11] *Van mijn here van Malleghem*,[12] *Van Hanselijn*[13] und *Van Thysken van den Schilde*,[14] letzterem im 17. Jahrh. von Samuel Coster dramatisiert. Unter den herumziehenden Söldnern fanden sich bisweilen auch Edelleute, wie im alten Liede: «Het quamen drie ruyters geloopen so verre int duytsche lant, met netten ende met knoopen: het waren die beste die men vant»,[15] von welchen der Jüngste, als die Magd der Wirtschaft ihm ihre Liebe gesteht, unerwartet die Fetzen abwirft und in goldschimmerndem Koller vor ihr steht.

[1] In *Jan Roulans* Nr. 35, Willems *O. L.* Nr. 113, F. van Duyse, *O. N. L.* Nr. 39.
[2] In *Jan Roulans* Nr. 54, vgl. Nr. 50.
[3] In *Jan Roulans* Nr. 17.
[4] In Hoffmann *H. B.* II Nr. 140.
[5] In Hoffmann *H. B.* II Nr. 143—145, Willems *O. L.* Nr. 123.
[6] In Hoffmann *H. B.* II Nr. 136, Willems *O. L.* Nr. 124.
[7] In *Jan Roulans* Nr. 132, *Amst. Amoreus Lietboeck* S. 129 *a.*, Hoffmann *H. B.* II Nr. 84, 85, Willems *O. L.* Nr. 136, Van Duyse, Nr. 76, 77.
[8] In Hoffmann *H. B.* II Nr. 63, Van Duyse Nr. 73.
[9] In *Jan Roulans* Nr. 27, 76, 118, 120, *Amst. Lietboeck* S. 23 *b*, Van Duyse Nr. 78—84.
[10] In *Jan Roulans* Nr. 174, vgl. 51, 155, Hoffmann *H. B.* II Nr. 169.
[11] In Hoffmann *H. B.* II Nr. 24, Willems, *O. L.* Nr. 109, Van Duyse Nr. 12.
[12] In *Jan Roulans* Nr. 113, Hoffmann *H. B.* II Nr. 21, 22, Willems *O. L.* Nr. 54, Van Duyse Nr. 11.
[13] In Hoffmann, *H. B.* II Nr. 68, Willems *O. L.* Nr. 62, Van Duyse Nr. 28.
[14] In *Jan Roulans* Nr. 59, *Amst. Lietboeck* S. 78, Hoffmann *H. B.* II Nr. 23, Willems *O. L.* Nr. 108, Van Duyse Nr. 9.
[15] In *Jan Roulans* Nr. 58, *Amst. Lietboeck* S. 47, Hoffmann *H. B.* II Nr. 72, Willems, *O. L.* Nr. 100.

Auch andere Lieder[1] sind kurze Erzählungen von Liebesabenteuern, nicht gerade alle in delikatesten Worten mitgeteilt, wenn das Liebespaar unter der grünen Linde, berauscht von der Nachtigallen Sang die Goldröslein pflückt, so dass nachher die Jungfrau Veranlassung hat, ihr goldenes Haar, die Zierde der Jungfräulichkeit, zusammen zu binden, zum Zeichen, dass die Blüte der Jugend vorüber ist. Natürlich ist treue Liebe in diesen Liedern eine Seltsamkeit. Der Söldner fährt von Lande zu Lande, überall seine Liebchen zurücklassend. Bisweilen kehrt er wieder, wie der Reiter, der das bekannte — irrtümlich als Auswandererlied betrachtete — Liedchen singt *Naer Oostland willen wy ryden: daer woonter mijn soete lief.*[2] Die Geliebte war aber nur selten treu geblieben, und Klagen über Untreue finden sich mehrmals. Tief rührend ist das Liedchen: *Daer was een sneeuwwit vogeltje: din dom deine,*[3] worin ein junger Mann ein schneeweisses Vögelein als Liebesbote hinschickt zur Geliebten, von welcher er so lange nichts gehört hatte, und von diesem die Kundschaft erlangt, dass sie wohl schon ein halbes Jahr verheiratet ist. Wohl tausend Jahre, meint er, hatte er in Sorge und Unruhe gelebt. Gewöhnlich aber wissen die Betrogenen sich zu trösten, wie *De ruyter wt Bosschaye*[4] und ein anderer, der sein Lied wohl anfängt mit den Worten: «Rijck God, wie sal ic claghen mijnen druck ende mijn verdriet!», sich aber fasst und schliesst mit den Worten: «Al hebdy my begheven, schoon lief, men vinter meer.»[5] Oft freilich sind die Liebchen nur leichtsinnige Söldnerdirnen, wie *Anne Marieken*, die nur darauf sinnt, zu singen, zu tanzen und zu buhlen mit den Söldnern und sich keinen Mann wünscht, um nicht geprügelt zu werden, kein Kind, um ohne Sorge zu bleiben.

Doch auch ernsthafte, sogar ideale Liebeslieder finden sich in den Sammlungen, wie das *Ghequetst ben ic van binnen*[6] und *Int soetste van den Meye,*[7] und rührende Abschiedslieder, z. B. *Ick hadde een gestadich minneken,*[8] *Verlanghen, ghi doet mijnder herte pijn,*[9] *Rijc God, wie sal ic clagen dat heymelyk lyden myn,*[10] *Ick seg adieu, wy twee wy moeten sceyden*[11] und *Hi sprac: lief wiltu mijns ghedinken.*[12] Anmutig sind auch viele Wächterlieder, in welchen oft kleine Minnebilder lieblich gemalt sind, z. B. *Ic had een alderliefste,*[13] *Het viel een hemels douwe,*[14] *Den dach en wil niet verborghen zijn,*[15] und mehr andere.[16]

[1] In *Jan Roulans* Nr. 22, 60, 62, 86, 96, 221, *Amst. Lietboeck* S. 79, Hoffmann *H. B.* II Nr. 38, 42, 43, 54, 58, 71, 76, 102, Willems *O. L.* Nr. 61, 64, 67, 68, 84, 99, Van Duyse Nr. 30, 31, 63, 66.

[2] In Hoffmann *H. B.* II Nr. 105; vgl. 103, 104 und *Jan Roulans* Nr. 97, Willems *O. L.* Nr. 19, Van Duyse Nr. 53.

[3] In Hoffmann *H. B.* II Nr. 90, Willems *O. L.* Nr. 96.

[4] In *Jan Roulans* Nr. 66.

[5] In *Jan Roulans* Nr. 205, *Amst. Lietboeck* S. 140 *a*.

[6] In Hoffmann *H. B.* II Nr. 97, Willems *O. L.* Nr. 16.

[7] In *Jan Roulans* Nr. 95, *Amst. Lietboeck* S. 10 *b*., Hoffmann *H. B.* II Nr. 40, Willems *O. L.* Nr. 92, Van Duyse Nr. 24.

[8] In *Jan Roulans* Nr. 98. — [9] In *Jan Roulans* Nr. 157.

[10] In *Jan Roulans* Nr. 142, Hoffmann *H. B.* II Nr. 116.

[11] In *Jan Roulans* Nr. 100, *Amst. Lietboeck* S. 87 *b*., Hoffmann *H. B.* II Nr. 99—100, Willems *O. L.* Nr. 156.

[12] In Hoffmann *H. B.* II Nr. 98, Willems *O. L.* Nr. 58.

[13] In *Jan Roulans* Nr. 86, Hoffmann *H. B.* II Nr. 60, Van Duyse Nr. 70.

[14] In *Jan Roulans* Nr. 74, Hoffmann *H. B.* II Nr. 62, Willems *O. L.* Nr. 151, Van Duyse Nr. 65.

[15] In *Jan Roulans* Nr. 19, *Amst. Lietboeck* S. 32 *b*., Hoffmann *H. B.* II Nr. 64, Willems *O. L.* Nr. 66, Van Duyse Nr. 67.

[16] In *Jan Roulans* Nr. 14, 72, 75, 77, 82, 102, 140, 161, *Amst. Lietboeck* S. 136 *b*., Hoffmann *H. B.* II Nr. 57, 59, 129, Van Duyse Nr. 64, 68, 69, 71, 72, 74.

Zu den beliebtesten Liedern gehören diejenigen, welche wahrhafte Romanzen oder Balladen genannt werden dürfen, wie z. B. die tragischen Lieder *Van Brunenburch*,[1] das Lied *Van eens graven dochterkyn te Straesburch op den Rijn*,[2] von einer Jungfrau, der es gelingt, von ihrem Vater Gnade zu erbitten für den in ihrem Schlafzimmer ertappten und zum Tode verurteilten Geliebten, das alte Lied *Van een ridder ende een meysken jonck*,[3] das, ursprünglich am Ufer eines Bergsees sich abspielende, später aber in den Niederlanden lokalisierte *Ic stont op hoghe berghen*,[4] das Hero- und Leanderlied *Het waren twee coninxkindren*,[5] das Wächterlied *Si ghinc den bogaert omme* oder *Van liefden coemt groot lijden*,[6] das an die Pyramus- und Thisbegeschichte erinnert, das Lied der Königstochter: *Dat alle berghen goude waren*,[7] worin der untreue Ritter als aussätziger Bettler nach sieben Jahren zufällig an die Thüre der von ihm mit ihrem Kinde treulos zurückgelassenen Geliebten anklopft, und von ihr mitleidig-herablassend bewirtet, von ihrem Vater aber getötet wird, und das Lied *Van mooi Aaltje*,[8] das der Geschichte von Griseldis oder vielleicht dem *Lai du Fraisne* von Marie de France nachgebildet ist. Ein altes *Steeklied*, das noch jetzt von den flämischen Spitzenklöpplerinnen unterm Zählen der Stiche gesungen wird, ist das Lied von *Mi Adel en hir Alewijn*,[9] ein Dialog zwischen der Braut, dem Sohn und der Mutter. Ein anderer kürzerer Dialog ist das liebliche *Daer staet een linde in ghenen dal* oder *Daer sou een magetje vroeg opstaen*.[10]

Einige Lieder sind ein leiser Nachklang der Heldensage wie das Lied *Van Hillebrandt*,[11] *Van den Jager uut Grieken* (Wolffdietrichsage)[12] und die beiden Lieder *Van Heer Halewijn* und *Van des marcgraven sone* (Waltarisage).[13] Einen mythologischen Hintergrund hat vielleicht das Lied *Van her Danielken* (d. h. Danhüser oder Tannhäuser).[14]

Schliesslich sind noch einige ausführliche Lieder zu erwähnen, welche im 16. Jahrh. Volksbüchern entnommen sind und den Namen *Historielied* tragen, nl. von *Floris en Blansifloer*,[15] von *Margrietje van Limborch*, von *Valentijn en Oursson*, von *Den Hertog van Brunswijk*,[16] von *Frederick*

---

[1] In *Jan Roulans* Nr. 81, Hoffmann *H. B.* II, Nr. 6, 7, Van Duyse Nr. 35, und L. Ph. C. van den Bergh, *N. Werken v. d. Maatsch. der Ned. Lett.* VI (1844), 294—297.

[2] In *Amst. Lietboeck* S. 82 *b*, Van Duyse Nr. 15.

[3] In *Jan Roulans* Nr. 45, *Amst. Lietboeck* S. 42 *a.*, Hoffmann *H. B.* II Nr. 15, Willems *O. L.* Nr. 60, Van Duyse Nr. 25.

[4] In *Jan Roulans* Nr. 87, Hoffmann *H. B.* II Nr. 18, 19, Willems *O. L.* Nr. 56, Van Duyse Nr. 21; auch handschriftlich hinter einem Exemplar der *Souterliedekens* mit 25 andern Liedern, s. P. A. Tiele, *Dietsche Warande* VIII 572—585.

[5] In Hoffmann *H. B.* II Nr. 27, Willems *O. L.* Nr. 55, Van Duyse Nr. 43.

[6] In *Jan Roulans* Nr. 158, Hoffmann *H. B.* II Nr. 56, Willems *O. L.* Nr. 65, Van Duyse Nr. 44.

[7] In Hoffmann *H. B.* II Nr. 12, Willems *O. L.* Nr. 71, Van Duyse Nr. 23.

[8] In Hoffmann *H. B.* II Nr. 11, Willems *O. L.* Nr. 70, Van Duyse Nr. 13.

[9] In A. Lootens und J. M. E. Feys, *Chants populaires flamands* 66 ff. und F. van Duyse, *Het Oude Ned. Lied* Nr. 7.

[10] In Hoffmann *H. B.* II Nr. 26, Willems *O. L.* Nr. 90, Van Duyse Nr. 32.

[11] In *Jan Roulans* Nr. 83, *Amst. Lietboeck* S. 104 *a*, Hoffmann *H. B.* II Nr. 1, Willems *Belg. Museum* VIII 464—471, F. van Duyse *O. N. L.* Nr. 5.

[12] In Hoffmann *H. B.* II Nr. 13, Willems, *O. L.* Nr. 50, Van Duyse Nr. 6.

[13] In Hoffmann *H. B.* II Nr. 9, 29, Willems *O. L.* Nr. 49, 72, Van Duyse Nr. 1, 2.

[14] In *Jan Roulans* Nr. 160, Hoffmann, *H. B.* II Nr. 4, Willems *O. L.* Nr. 51, Van Duyse, Nr. 3.

[15] In E. de Coussemaker, *Chants populaires* Nr. 51, Van Duyse Nr. 45.

[16] In Hoffmann *H. B.* II Nr. 2, Van Duyse Nr. 8.

van Genua,[1] von *Helena van Constantinopel* und von der *Verduldige Griesella.*[2]

Viele von den Volksliedern des 15. und 16. Jahrhs. leben mit ihren frischen, einigermassen melancholischen Melodien in den südlichen Niederlanden, einige wenige auch in den nördlichen Provinzen noch heute im Munde des Volkes fort, wie das auch der Fall ist mit verschiedenen geistlichen Liedern.

§ 36. Die geistlichen Lieder. Die geistlichen Lieder[3] sind bald Übersetzungen lateinischer Kirchenlieder und anderer lat. Lieder, z. B. vom *Christe, qui lux es et dies,*[4] vom *Dies est laetitiae,*[5] vom *Stabat mater dolorosa,*[6] vom *Jhesu dulcis memoria,*[7] und vom *Me juvat laudes canere praeclarae castitatis;*[8] bald *Leysen* [meistens Weihnachtslieder mit Refrain] und sogen. *geestelijke Liedekens,* welche Jesus, vorzüglich aber Maria und bisweilen auch andere Heiligen feiern, und oft durch Gefühl und Wohllaut sich auszeichnen. Der grössere Teil ist devot und mystisch; einige jedoch sind naiv, einfach und plastisch. Die Heiligenlieder, welche wir besitzen, sind gesungen zur Ehre von St. Jan,[9] St. Niclaes,[10] St. Hieronymus,[11] St. Lebuinus,[12] St. Franciscus,[13] Ste. Clara,[14] Ste. Geertrude,[15] Ste. Barbara,[16] Ste. Caecilia,[17] Ste. Katharine,[18] Ste. Maria Magdalena,[19] Ste. Ursula,[20] Ste. Margriete[21] und Ste. Agnes.[22] Jetzt noch wird, u. a. in Groningen, zur Ehre St. Maartens gesungen *St. Martinus bisschop,* u. s. w. Von einem Gebet in 45 zwölfzeiligen Strophen wenden sich

---

[1] s. G. Kalff, *Tijdschrift* V 68—89.

[2] s. J. H. Gallée, *Tijdschrift* IV 35—45, Van Duyse Nr. 47.

[3] Lit.: J. G. R. Acquoy, *Archief voor Ned. Kerkgeschiedenis* II (1886) 1—112 und *Kerstliederen en Leysen* in *Verslagen en Mededeel. der Kon. Akad. v. Wet.* Afd. Lett. 3 R. IV (1887) 352—404, und J. Verdam, *Verslagen en Mededeel. der Kon. Akad. v. Wet.* Afd. Lett. 4 R. II (1898) 145—174. Liederbücher sind: *Een suverlijc Boecxken,* Antw. by A. van Berghen 1508; *Een devoot ende profitelyck Boecxken,* Antw. by S. Cock. 1539 (Neudruck von D. F. Scheurleer, Den Haag 1889); *Een nieu devoot Boecxken,* Antw. by Guillaem van Parijs, 1576 (mit Approb. von 1549); und *Het Hofken der geestelycker Liedekens,* Loven by Rutgeer Velpius 1577. Spätere Liedersammlungen nach Handschriften sind: Hoffmann von Fallersleben, *Niederl. geistliche Lieder, Horae Belgicae* X Hann. 1854; W. Bäumker, *Viertelj. S. für Musikwissenschaft* IV (Leipzig 1888), 153—254, 287—350; J. G. R. Acquoy [24] *Middeleeuwsche geestelijke Liederen en Leisen met eene Klavier-begeleiding naar den aard hunner tonen,* 's-Grav. 1888; K. de Gheldere, *Dietse Rime. Geestelijke gedichten uit de XIII, XIV en XV eeuw,* Brugge 1896; C. Lecoutere, *Mnl. geestelijke liederen* (nach einer Pariser Hs.) in *Leuvensche Bijdragen* III (1899), 23—130 und F. van Duyse *Het Oude Ned. Lied,* 's-Grav. Antw. 1900 ff.

[4] Ausg. von Hoffmann, *H. B.* X Nr. 113.

[5] Ausg. von Hoffmann, *H. B.* X Nr. 21, 22, Bäumker Nr. 10, L. Ph. C. van den Bergh, *N. Werken v. d. Maatsch. der Ned. Lett.* V 2 (1841) 21, 104—114.

[6] Ausg. von L. Ph. C. van den Bergh, l. l. 87—97.

[7] Ausg. von P. J. Koets, *Dietsche Warande* III 245—251.

[8] Ausg. von Bäumker Nr. 58.

[9] Ausg. von Hoffmann *H. B.* X Nr. 40.

[10] In *Een devoot Boecxken,* S. 120.

[11] In *Een devoot Boecxken,* S. 14.

[12] Ausg. von Hoffmann, *H. B.* X Nr. 41.

[13] Ausg. von Lecoutere Nr. 15—17 und *Een devoot Boecxken,* S. 15.

[14] Ausg. von Lecoutere Nr. 18—20.

[15] Ausg. von Hoffmann *H. B.* X Nr. 39, Willems, *O. L.* Nr. 131.

[16] Ausg. von Lecoutere Nr. 21—27 und *Een devoot Boecxken,* S. 12, 74, 78.

[17] Ausg. von Hoffmann *H. B.* X Nr. 38.

[18] Ausg. von Bäumker Nr. 27 und *Een devoot Boecxken,* S 9.

[19] In *Een devoot Boecxken,* S. 51.

[20] In *Een devoot Boecxken,* S. 10.

[21] Ausg. von Bäumker Nr. 29.

[22] Ausg. von Hoffmann, *H. B.* X Nr. 37, Bäumker Nr. 28.

die ersten zwölf Strophen an Jesus und Maria, die übrigen jede an einen Heiligen.[1]

Die *Kerstleysen* sind nicht selten kleine Gemälde der heiligen Familie in dem Stalle zu Bethlehem, wobei das Öchslein und das Eselkein fast niemals fehlen. Mit Recht ist wegen seiner kindlich frommen Naivität gepriesen das Liedchen: *Ons genaket die avontstar,*[2] worin wir die Heilige Mutter finden, sich freuend an das liebe Kindchen, als es im Bade mit der Hand plätscherte «dattet water uten becken spranc». Durch Wohllaut ragt hervor das liebliche: «Ons is gheboren een uutvercoren clein kindekijn. Waert niet gheboren, wi waren verloren: laet ons blide sijn!»[3] Halb lateinisch, halb niederländisch abgefasst ist das Lied: «Nu laet ons singen, het es tijt: Est puer natus hodie.»[4] Von den andern Weihnachtsliedern erwähne ich nur: *Een kindeken es ons geboren in Bethleëm,*[5] *Laet ons met herten reyne,*[6] *Ons is geboren een kindekijn: daerom so willen wi vrolic sijn,*[7] *Dat scoenste kint es ons geboren,*[8] *Alder werelt Heylant heeft ons sinen bode gesant*[9] und *Kinder nu loeft die maecht Marie.*[10] Vorzüglich wurden diese Lieder von den Kindern gesungen, als sie am Dreikönigsabend ihre Prozession hielten, wie es in den Anfangszeilen eines Liedes heisst: «Van vrouden ons die kinder singhen des avondes, doe si heimwerts ghinghen».[11] Andere Lieder wurden gesungen unterm Wiegen des Christkindchens, z. B. «Het quamen dry Coninghen wt verre landen: nu wiegen, nu wiegen wy».[12] Erzählende Weihnachtslieder sind u. a. *Doe God onse here gheboren wart,*[13] *Het viel een hemels douwe,*[14] und das naïve *Wildi horen singhen enen soeten sanc.*[15]

Von den Marienliedern gehören zu den schönsten: *Ic weet een maghet suverlic,*[16] *Ic heb die schoonste uutvercoren*[17] und *Het comet een schip gheladen,*[18] ein Liedchen von dem, von Marien gesteuerten, von den Englen geruderten, Schiffe, welches uns das Christkind zuführt. Maria am Kreuz finden wir im Lied *In eenen boghaert quam ic ghegaen.*[19] Das Lied *Maria Coninghinne, mijn troest, mijn toeverlaet*[20] ist eine Anrede an Maria mit ihrer Antwort. Ein anderes Lied[21] ist ein Zwiegespräch von Maria mit der Seele. Ein sehr bekanntes dialogisches Lied ist das

---

[1] Ausg. von C. P. Serrure, *Vaderl. Museum* V 317—336.
[2] Ausg. von Hoffmann, *H. B.* X Nr. 14, Willems, *O. L.* Nr. 199.
[3] Ausg. von Hoffmann *H. B.* X Nr. 16.
[4] Ausg. von Lecoutere Nr. 6; auch *Suverlyc Boecxken* S. 27—33.
[5] Ausg. von Hoffmann *H. B.* X Nr. 7, Bäumker Nr. 13, Lecoutere Nr. 9; auch *Suverlyc Boecxken* S. 3—7.
[6] Ausg. von Bäumker Nr. 48, Acquoy Nr. 24, Lecoutere Nr. 8; auch *Suverlyc Boecxken* S. 7—10.
[7] Ausg. in *Suverlyc Boecxken* S. 10—11, *Hofken* S. 12 f.
[8] Ausg. von Lecoutere Nr. 39.
[9] Ausg. von Lecoutere Nr. 3.
[10] Ausg. von Lecoutere Nr. 7, auch in *Een devoot Boecxken* S. 268.
[11] Ausg. von Hoffmann *H. B.* X Nr. 11, Willems *O. L.* Nr. 202.
[12] Ausg. in *Hofken* S. 28—30; vgl. De Coussemaker, *Chants populaires des Flamands de France*, Gand 1856, Nr. 29.
[13] Ausg. von Hoffmann, *H. B.* X Nr. 18.
[14] Ausg. von Hoffmann, *H. B.* X Nr. 23, Willems *O. L.* Nr. 186.
[15] Ausg. von Hoffmann, *H. B.* X Nr. 24.
[16] Ausg. von Hoffmann, *H. B.* X Nr. 31.
[17] Ausg. von Hoffmann, *H. B.* X Nr. 32.
[18] Ausg. von Hoffmann, *H. B.* X Nr. 26.
[19] Ausg. von Lecoutere Nr. 45.
[20] Ausg. von Hoffmann *H. B.* X Nr. 29, 30; Bäumker Nr. 6.
[21] Ausg. von Bäumker Nr. 23.

Zwiegespräch eines Jüngers mit seinem Lehrer: *Hoe lude so sanc die leraer al opter tinnen.*[1]

Die meisten geistlichen Lieder sind Lieder der minnenden Seele an Jesus gerichtet, der bisweilen vorgestellt wird als der Ritter, der Lohn für seine Liebesdienste fordert,[2] gewöhnlich aber als der himmlische Bräutigam, in dessen Armen die devote Seele zu ruhen, und dessen roten Mund sie zu küssen begehrt.[3] Bald ist Jesus der Pelikan, der sein Blut für seine Geliebte opfert,[4] bald die Nachtigall, welche auf dem mit fünf Rosen blühenden Hagedorn, sterbend aus Liebe für eine schöne Jungfrau (die menschliche Seele), seine letzten sieben Noten (die Kreuzworte) singt, indem zu seinen Füssen die anspruchslose Violette, das Sinnbild der Heiligen Jungfrau, blüht.[5] Diese Liebeslieder an Jesus sind öfters von den weltlichen Liebesliedern kaum zu unterscheiden, und nicht selten sind die weltlichen Lieder einfach, nur mit wenigen Änderungen, zu geistlichen Liedern umgedichtet, um auf dieselbe Melodie gesungen zu werden wie diese. Weltverachtung und Verlangen nach dem ewigen Zusammensein mit Jesus im Himmel wird in allen diesen Liedern inbrünstig ausgesprochen; doch zeugen einige Lieder auch von fröhlicher Unterwerfung beim Leiden dieser Welt, im seligen Gefühl, dass Jesus' Liebe alle Wunden heilt. «Hi truur die truren wille, mijn truren es gedaen», so fängt eins der schönsten Lieder an, denn «Waerom so soudic truren of sorgen al te seer? Ic weet, ic bin vercoren van Jesus minen heer».[6] In einem andern Lied heisst es: «Waerom wil ic dus truren? tmoet doch gheleden sijn. In soeten ende in suren sijn even lanc die uren: laet ons verduldich sijn!»[7] Liebliche devote Lieder sind noch: *O Jhesus, wtvercoren heer,*[8] und *Tis suet in Jesus taverne te gaen.*[9]

Geistliche Balladen sind das in vier Fassungen überlieferte Lied: *Een coninc die hadde twee* (oder *drie*) *dochterkens*[10] und das bekanntere von *Des Soudaens dochter,*[11] vermuthlich bearbeitet, wie man meint von Tonis Harmansz van Wervershoek, nach einem aus dem Hochdeutschen übersetzten Volksbuche.[12] Es ist die Geschichte einer Sultanstochter, welche, als sie in Bewunderung von den schönen Blumen im Garten nach dem Blumenmacher fragt, Jesus vor sich sieht in der Gestalt eines schönen Jünglings, mit dem sie nach fernen Ländern reist, und der sie zuletzt an der Pforte eines Klosters allein lässt. Freundlich wird sie in das Kloster aufgenommen, und da zuerst hört sie, wer ihr Begleiter war. Sie nimmt den Nonnenschleier an, und nur an ihrem Sterbebett erscheint Jesus wieder, um sie mit sich zu führen und im Himmel an seine Seite zu setzen auf den Thron des Lichts.

Namen von vorzüglichen Lyrikern kennen wir fast nicht. Ausser Johannes Brugman (s. § 24) kennen wir nur den Rektor der Zwolschen

[1] Ausg. von Hoffmann, *H. B.* X Nr. 122, 123, Bäumker Nr. 35 und *Liedekensboeck van Jan Roulans* Nr. 55.

[2] s. Hoffmann *H. B.* X Nr. 86. — [3] s. Hoffmann *H. B.* X Nr. 94.

[4] s. *Suverlyk Boecxken* S. 23—24, *Hofken* S. 1 f.

[5] s. Hoffmann *H. B.* X Nr. 103—106, Bäumker Nr. 74, Willems *O. L.* Nr. 206, 207.

[6] Ausg. von Hoffmann *H. B.* X Nr. 73, Bäumker Nr. 7.

[7] Ausg. von Hoffmann *H. B.* X Nr. 54.

[8] Ausg. von Bäumker Nr. 8.

[9] Ausg. von Hoffmann *H. B.* X Nr. 100, Bäumker Nr. 32.

[10] Ausg. von F. van Duyse Nr. 4.

[11] Ausg. von Hoffmann *H. B.* II Nr. 199, Willems *O. L.* Nr. 130, s. Joh. Bolte, *Die Sultanstochter im Blumengarten, ZfdA* XXXIV 18—31.

[12] *Een suverlick exempel, hoe dat Jesus een heydensce maghet, een Soudaens dochter, wech leyde wt haren lande* (gedruckt um 1510, Delft bi Frans Sonderdanck).

lateinischen Schule Dirck van Herxen († 1457) als Dichter von zwei Liedern mit dem Anfang: *Mi lust te loven hoochelic die reinicheit so pure* (ca. 1430) und *Och Heer, der hemelen Stichter,*[1] und den Augustiner, später Franciskaner Mönch in Löwen Dirck van Munster († in Löwen, 11. Dezember 1515), der sich bekannt machte durch drei Prosaschriften 1. *Der Kerstenen Spieghel* (gedruckt zu Oudenaarde von Arnold de Keysere, o. J. und später öfters, u. a. in Antwerpen von Gher. Leeu, 1485), 2. *Een devoot boecxken van der minnen Jhesu ende Marien* (gedruckt, Antw. by Adriaen van Liesveldt 1499) und 3. *Een corte oefeninge van der passien ons heren Jhesu Christi* (gedruckt Antw. by A. van Liesveldt, o. J.), als Dichter eines Zwiegesprächs zwischen dem Bräutigam, dem Mittler und der minnenden Seele.[2] Als Dichterinnen sind uns bekannt die Klosterschwester Baertken van Utrecht († 1514), von welcher acht Lieder gedruckt sind am Ende von einer ihrer Prosaschriften: *Suster Bertkens Boeck,* u. s. w.... *Oeck staen hier veel Lyedekens, die suster Bertken selver gedicht heeft* (Leyden by Jan Seversen, 1518) und Josine des Planques (geb. 1478 † 1535), die 1518 Priorin des St. Agnetenklosters in Gent wurde und viele schöne Lieder dichtete, von welchen uns nur ein «Scoen gheestelic refreyn» vom Jahre 1533 bewahrt geblieben ist.[3]

XII. DIE PROSA DES 15. UND 16. JAHRHUNDERTS.

§ 37. Geschichtsbücher. Die Geschichte, welche im 13. und 14. Jahrh. noch ohne Ausnahme in Versen geschrieben wurde, ist im 15. und 16. Jahrh. auch in Prosa abgefasst. Bald wurde sogar die Prosaform für die Geschichtsbücher die vorherrschende. So finden wir im Anfang des 16. Jahrhs. eine Weltgeschichte bis zu Christus' Tod in der Prosaübersetzung von neun Büchern des *Speculum Historiale* von Vincentius, welche, ohne Rücksicht auf Maerlant's gereimten *Spiegel Historiael,* wie jetzt wohl mit Recht angenommen wird, wiewohl der Übersetzer diesen gekannt hat, gedruckt ist unter dem Titel *Den Spieghel Historiael* (Antw. by Claes de Grave, 1515; neue Ausg. 1556). Ein anderes Lehrbuch der Weltgeschichte ist der *Fasciculus temporum* vom Cölner Kartheuser Wernerus Rolevinck lateinisch abgefasst, in Cöln 1474 zuerst gedruckt und nachher (1476) herausgegeben in Universitate Lovaniensi von Jan Veldenaer, welcher 1480 (in Utrecht) davon eine niederländische Übersetzung herausgab, «inhoudende die Cronijcken van ouden tijden, als van dat die werlt eerst ghescepen is, ende van dat Adam ende Eva eerst ghemaect worden, totter gheboer Christi toe, ende voert van allen Paeusen ende Keyseren . . . . . corttelick beslutende mit die Cronijcken der coninghen van Vranckrijck, van Enghelant ende van die hertoghen van Brabant ende van die biscoppen van Utrecht ende van die Greven van Vlaenderen, van Hollant, van Zeelant, van Henegouwen, van Ghelre, van Cleve tot huden op den dach toe». Der Schluss dieses Werkes ist nicht aus Rolevinck's *Fasciculus* übersetzt, sondern von Jan Veldenaer selbst daran zugefügt.

---

[1] Das erste hrsg. von Bäumker Nr. 58, das zweite von Hoffmann, *H. B.* X Nr. 59, beide von E. de Coussemaker, *Dietsche Warande* III, franz. Teil 28—36 und Acquoy 4—7.

[2] Ausg. von Scheurleer Nr. 15, Hoffmann, *Dietsche Warande* III 252—262 und Willems, *Belg. Museum* V 442—449.

[3] s. J. F. Willems, *Belg. Museum* VI 153—173.

In der Mitte des 16. Jahrhs. wurde die Übersetzung einer dritten Weltgeschichte herausgegeben, nl. Sebastian Franck's *Chronica, tytboeck ende gheschietbibel van aenbegin der werelt tot den Jare 1536*, vermehrt mit einem *Wereltboeck* oder geographischer Übersicht der ganzen Welt (gedruckt 1558, 1583 und 1595).

Die niederländische Geschichte lieferte im 15. Jahrh. den Stoff zu mehreren, in der Landessprache selbst abgefassten oder aus dem Lateinischen übersetzten, Chroniken. Die Utrechter und holländische Chronik, welche der Utrechter Canonicus Johannes Beka 1350 lateinisch schrieb, wurde niederländisch übersetzt und weiter fortgeführt, zuerst bis 1393, später bis 1426.[1] Unter den Quellen tritt, neben Utrechter Urkunden, Stoke's *Rijmkroniek* in den Vordergrund. Aus der Übersetzung von Beka's Chronik ist zum grösseren Teil wieder die *Kroniek van den clerc uten lagen lande bi der zee*[2] geschöpft, welche die holländische Geschichte bis 1316 enthält und in den ersten Jahren des 15. Jahrhs. von einem uns unbekannten Schriftsteller (nicht Philippus a Leydis) verfasst ist.

Nur handschriftlich überliefert ist die, 1409 vollendete, *Hollantsche Chronike van den Heraut* Gelre, welcher später unter dem Namen Beyeren Wappenkönig am Hofe des Herzogs Wilhelm VI. war. Eine Compilation, welche die holländische Geschichte von 863 bis 1437 erzählt, mit einer Fortsetzung bis 1477, ist das *Out-Goutsch Chronycxken* (gedruckt 1478 in Gouda by Ger. Leeu).[3] Am Ende des 15. Jahrhs. und im Anfang des 16. Jahrhs. nahm die Anzahl der Geschichtswerke immer zu: allenthalben in den Niederlanden wurden Chroniken und Jahrbücher verfasst.[4]

Das bekannteste aller Geschichtsbücher dieser Zeiten ist *Die Cronycke van Hollandt, Zeelandt ende Vrieslandt* (gedruckt 1517 in Leyden von Jan Seversen), eine ausführliche Compilation, deren Hauptquelle aber das *Chronicon Hollandiae* des Harlemer Karmeliten Jan Gerbrandsz van Leiden (ca. 1480) ist. Diese Chronik, welche nach ihren *Divisien* oder Kapitteln *Divisiekroniek* genannt wurde, ist später noch öfters neu herausgegeben (1530, 1585, 1591, 1595), und immer wurde dann die Geschichte bis auf die Zeit fortgeführt, am Ende des 16. Jahrhs. von Ellert de Veer.[5]

Auch der südliche Teil der Niederlande hatte seine Geschichtsschreiber, mit einem Holländer an der Spitze, nämlich dem um 1395 geborenen Sohn von Dirc Potter (s. § 23), Geryt Potter van Loo,[6] welcher zwischen 1438 und 1454 als Rat am Hofe von Holland und 1440 als Baljuw von 's-Gravezande urkundlich bezeugt ist. Dieser übersetzte, mutmasslich um 1430, die berühmte Chronik Froissart's; jedoch nur die letztere, für die flämische Geschichte freilich wichtigste, Hälfte dieser Übersetzung ist uns handschriftlich bewahrt geblieben.[7]

Zwei wichtige flämische Jahrbücher sind verfasst: 1. von Jan van Dixmude,[8] welcher eine genealogische Geschichte «van den foreeste

[1] Ausg. von A. Matthaeus, *Veteris Aevi Analecta* III, Hagae-Com. 1738, 1—408.

[2] Ausg. von B. J. L. de Geer van Jutphaas, Utrecht 1867.

[3] Neue Ausg. von Petrus Scriverius, Amst. 1663 mit einem *Toetssteen*.

[4] s. S. Muller Fz. *Lijst van Noord-Ned. Kronijken, met opgave van bestaande handschriften en litteratuur*, Utrecht 1880.

[5] Eine Umarbeitung gab im 17. Jahrhundert W. van Gouthoeven, Dordrecht 1620 (2. Ausg. 1636).

[6] s. J. W. Muller, *Tijdschrift* VIII 264—295, IX 20 f.

[7] Ausg. von Nap. de Pauw Gent 1898. Eine kürzende lateinische Bearbeitung dieser Chronik von Johannes Sleydanus ist, in niederländischer Übersetzung von Ad. V. N. A. (mutmasslich Adolphus Venator oder De Jager), 1587 herausgegeben von Jan Paedts Jacobsz. ende Jan Bouwenszoon.

[8] Ausg. von J. J. Lambin Ipre 1839.

van Buc, dat heet Vlaenderlant» von 863 bis 1436 schrieb, und 2. von Olivier van Dixmude,[1] der das Merkwürdigste aus der flandrischen und brabantischen Geschichte zwischen 1377 und 1443 verzeichnete. Diese beiden bilden die Hauptquellen des ersten Teils der *Excellente Cronike van Vlaenderen*. Der zweite Teil dieser Chronik enthält die Geschichte Flanderns von 1436 bis 1482, beschrieben von dem berühmten Bruggener Rhetoricien Anthonis de Roovere (s. § 31), und die spätere Geschichte, erzählt von Andries de Smet von Brugge, welcher sie 1531 in Antwerpen herausgab. Ausserdem verdient noch Erwähnung die *Chronycke van den Lande en Graefscepe van Vlaenderen van 405 tot 1492*,[2] von Nicolaas Despars, geb. 1522 in Brugge, wo er Bürgermeister wurde und 1597 verschied.

Eher noch eine halbgelehrte Sammlung von Fabeln und Überlieferungen der Urzeit und Merkwürdigkeiten der Neuzeit, als eine Chronik, ist das von den Zeitgenossen hoch gepriesene Werk *Den Spieghel der Nederlandscher Audtheyt* (1568 Ghendt by Gheeraert van Salenson)[3] von Marcus van Vaernewijck. Dieser wurde 21. Dez. 1518 in Gent geboren, machte grosse Reisen durch Tyrol, Italien und auch durch die Niederlande, war in seiner Geburtsstadt Mitglied der Rhetorikerkammer «Marien t'eeren», und Schöppe von 1564 bis auf seinen Tod, 20. Febr. 1569. Vorher schon hatte er die *Vlaemsche Audvremdigheyt* (1560 Ghent by Gheraert van Salenson)[4] geschrieben, eine historische Dichtung in strophischer Form, welche mit der Stiftung der Stadt Belgis durch die Trojer anfängt und mit der Leichenfeier für König Heinrich II. von Frankreich in Gent, 26. Juli 1559, und dem, 30. Juli 1559 von Philipp II. in Gent abgehaltenen, Kapitel des Ordens vom goldenen Fliesse schliesst. Bei seinem Tode hinterliess Vaernewijck handschriftlich noch ein grosses Werk *Van die beroerlicke Tyden in die Nederlanden en voornamelyk in Ghendt 1566—1568*.[5]

§ 38. Reisebücher. Sehr gesucht waren im 15. und 16. Jahrh. auch die Reisebücher, anfangs meistens phantastischer Art und von orientalischen Märchen beeinflusst. Das weitaus berühmteste war das Werk des in Lüttich 17. Nov. 1372 gestorbenen Engländers John Mandeville, aus dessen Französisch die *Reysen van Jan Mandeville* übersetzt sind, welche um 1470 gedruckt und 1494 (Thantwerpen von Govaerdt Back) wieder herausgegeben wurden. Weiter besitzen wir eine nicht vollständig erhaltene Übersetzung eines lateinischen *Itinerarius* des Utrechter Priesters Johannes Witte de Hese,[6] dessen Original (von 1389) im 15. und 16. Jahrh. mindestens sieben Mal gedruckt ist. In diesen beiden Schriften ist natürlich auch ausführlich die Rede vom orientalischen [Priester]könig Johannes («paep Jan»), der im Mittelalter und auch noch später seiner Frömmigkeit und ausserordentlichen Reichtums wegen sehr berühmt war, von dem aber so viele Fabeln erzählt wurden, dass er schon bald eine nebelhafte, legendarische Persönlichkeit geworden ist. Nur von ihm handelt die Schrift: *Van die wonderlichede en costelicheden van Pape Jans landen* (Antw. by Jan van Doesborgh, um 1508).

---

[1] Ausg. von J. J. Lambin Ipre 1835.
[2] Ausg. von J. de Jonghe Brugge 1837—40 IV T.
[3] Spätere Ausgaben Antw. 1619 und 1665, Gent 1784 und 1829.
[4] Auch zu Ghendt 1562 erschienen unter dem Titel *Nieu Tractaet*, u. s. w.
[5] Ausg. von Ferd. van der Haeghen Gent 1872—81 V T.
[6] Ausg. von M. de Vries, *Verslagen en Berigten der Vereen. voor oude Ned. Lett.* II 5—32.

Von den vielen Pilgern, die eine Wallfahrt nach dem Heiligen Lande machten, haben einige ihre Erfahrungen der Nachwelt selbst mitgeteilt oder ihre Notizen von Anderen bearbeiten lassen. Also sind viele Reisebücher entstanden, mittels welchen die älteren Pilger ihren jüngeren Landsleuten auf der Reise als Führer dienten. Noch jetzt haben wir die Beschreibung der Reisen von Wouter van Ziericxee (1449), von Jacob Kreyt und Dirck Vogel aus Zutfen (1479), vom Mechelener Jan Aertsz (1484) und, aus späterer Zeit, von Mr. Arent Willemsz (1525)[1] und von Adriaen de Vlaming aus Dordrecht (1565). Das älteste gedruckte Reisebuch ist *Die heylighe Bevaerden tot dat heylighe Grafft in Jherusalem* (Mentz 1488), eine Beschreibung der Reisen von Bernard von Breidenbach, herausgegeben vom Utrechter Maler Erhart Rewijck, der die Reisen (1483—84) mitmachte und die Bilder verfasste, welche sich in dem Werke finden. Überaus viel wichtiger, genauer und glaubhafter aber ist *Tvoyage van Mher Joos van Ghistele* (Ghendt by Henric van den Keere 1557, auch 1563 und 1572), ein vom Priester Ambrosius Zeebout druckfertig gemachtes Reisebuch, das handschriftlich schon lang vorher in Umlauf war und wohl verfasst ist vom Ritter Joos van Ghistele[2] selbst (geb. um 1446), Erbschultheiss von Hulst und Axel, anfangs am Hofe Karls des Kühnen, von 1477 bis 1492 Schöppe und von 1492 bis 1494 «Hooftbaljuw» von Gent. Seine wichtige Reise nach Ost-Europa, Ost-Afrika und West- und Mittel-Asia machte er mit einigen Freunden von 1481 bis 1485. Übersetzt aus dem Italienischen, jedoch ursprünglich (1533) türkisch geschrieben vom Griechen Jonas ist *Een nieu sunderling boeck, spreekende van tgheheel regiment des grooten Turcx* (Antw. by Marten Nuyts van Meer 1542).

Mit dem 16. Jahrh., als von den Spaniern, Portugiesen, und nachher auch von den Engländern und Niederländern, die grossen Entdeckungsreisen gemacht und allenthalben in Asien und Amerika Kolonien gestiftet wurden, konnten Reisebücher erscheinen, welche, ohne der Wahrheit untreu zu werden, das nach Wundern begierige Publikum zu befriedigen fähig waren, z. B. die *Warachtige Historie ende Beschryvinge eens Lants in America ghelegen, wiens inwoonders wilt, naeckt, seer godloos ende wreede menscheneters sijn* (Antw. by Chr. Plantijn 1558, auch Antw. 1563), übersetzt aus dem Hochdeutschen von Johannes Staden (1557), die *Beschryvinge van de .... Zeevaerdt van .... Thomas Candish met drie schepen van 1586 tot 1588. Beschreven door M. François Prettie van Eyc .... Hier noch bij ghevoecht de voyagie van Sire Fr. Draeck en J. Haukens naer Indien A° 1595.* (Amst. by Corn. Claesz. 1598), übersetzt vom Geschichtsschreiber Emanuel van Meteren, die Übersetzung der Werke von W. Raleigh und L. Keymis: *Waerachtighe ende grondighe beschrijvinge van het groot en goudtrijcke Coninckrijck van Guiana, gheleghen zijnde in America .... Midtsgaders de beschrijvinge van de omliggende rijcke Landtschappen Emeria, Arromaia, Amapaia en Topago* (Amst. by Corn. Claesz. 1598) und die *Historia del Descubrimiento y Conquista del Peru* (1555) von Agostin de Çarate, übersetzt unter dem Titel: *Conqueste van Indien. De wonderlijcke ende warachtighe Historie vant Coninckrijck van Peru* (Amst. by Corn. Claesz. 1598).

Der erste niederländische Seefahrer, der in einfachem Stil einen ausführlichen Bericht über seine und andere Reisen herausgab, war Jan

[1] Ausg. von G. J. Gonnet, Haarlem 1884.

[2] s. Jules de Saint-Genois, *Les voyageurs belges* I 155—192.

Huygen van Linschoten (geb. in Haarlem um 1563, † in Enkhuizen 8. Febr. 1611). Zu seinen Werken gehören: *Beschrijvinghe van de gantsche Custe van Guinea* (Amst. 1596) und *Itinerario, Voyage ofte Schipvaert naer Oost ofte Portugaels Indien,* u. s. w. (Amst. 1596; auch 1605, 1612, 1614, 1623, 1644, 1696). Eine hochdeutsche Übersetzung erschien 1598, eine lateinische 1599, und später ist das Werk auch englisch und französisch übersetzt. Vorher hatte er schon aus dem Portugiesischen und dem Spanischen übersetzt das *Reys-gheschrift van de Navigatien der Portugaloysers in Orienten,* u. s. w. (Amst. 1595).

Auch Cornelis Houtman von Gouda gab noch vor dem Ende des 16. Jahrhs. einen ausführlichen Bericht über seine Reise nach Indien heraus: *Verhael van de Reyse by de Hollandtsche Schepen ghedaen naer Oost Indien .... met de beschrijvinghe der Landen daer zij geweest zijn,* etc. (Middelburg voor B. Langhenes 1597, 2. Ausg. 1598, lateinische Übersetzung von Corn. Ger. Zuidlandus, Parisiis, Adr. Perier 1598). Houtman's Reise wurde noch beschrieben von G. M. A. W. Lodewijcksz: *Historie van Indien, waerinne verhaelt is de avontuere die de Hollandtsche Schepen bejegent zijn,* etc. (Amst. by Corn, Claesz. 1598).

Schliesslich verdient noch Erwähnung die Erzählung, welche Gerrit de Veer verfasste von den drei Nordpolfahrten am Ende des 16. Jahrhs.: *Waerachtighe beschrijvinghe van de drie seylaegien, ter werelt noyt soo vreemt ghehoort, drie jaren achter malcander deur de Hollandtsche ende Zeelandtsche schepen bij noorden Noorweghen, Moscovia ende Tartaria na de Coninckrijcken van Catthay ende China* (Amst. by Corn. Claesz. 1598).

§ 39. Romantische Erzählung. Volksbücher. Die Erzählungen, welche nicht unter dem Einfluss der Renaissance gekommen sind, tragen immer, mehr oder weniger, einen didaktischen Charakter. Lehrung und Erbauung ist immer ihr Zweck. Doch können verschiedene Erzählungen romantisch genannt werden, in Vergleich mit denjenigen, welche vorzüglich zum Dienste der Kirche und des Christentums geschrieben sind.

Von derartigen romantischen Erzählungen ist eine grosse Menge gesammelt in der bekannten, um 1350 verfassten Kompilation *Gesta Romanorum,* übersetzt unter dem Titel *Die Gesten of Gheschienissen van Romen* (zuerst gedruckt 1481, Ter Goude by Gheraert Leeu; später Delf 1483 und Zwolle 1484). Aus dieser Übersetzung ist Kap. 153 einzeln gedruckt unter dem Titel *Die schoone ende die suverlicke historie van Appollonius van Thyro* (Delf 1493).[1]

Diese schöne und säuberliche Historie gehört zu den vielen Prosaromanen, welche seit 1470 gedruckt und allenthalben gelesen wurden. Es sind Übersetzungen von lateinischen Schriften oder französischen Prosaromanen, zum Teil auch Prosabearbeitungen von älteren gereimten Ritterromanen von orientalischer Herkunft oder aus dem fränkischen Cyclus. Gewöhnlich ist man bei dieser Auflösung der Reime kürzend zu Werke gegangen; in mehreren Fällen aber sind die Reimworte noch erkennbar. In dieser Form haben wir also eine Wiederbelebung der damals schon etwas altmodisch gewordenen Romantik, obgleich die Sprache einen volkstümlicheren Charakter trägt. Einige alte Ritterromane wurden auch in der alten Reimform, mit nur geringer Modernisierung der Sprache, gedruckt, wie *Seghelijn van Jherusalem* (± 1484) (s. § 7), *Karel ende*

[1] Neudruck von G. Penon, *Bijdragen tot de Geschiedenis der Ned. Letterkunde* I (Gron. 1881), 121—182.

Elegast (± 1488 und ± 1496) (s. § 5) und das Gedicht *Huge van Tyberien* (s. § 7) unter dem Titel: *Historie van Saladine* (± 1483).

Anfangs noch in Folio gedruckt, erschienen die Prosaromane im 16. Jahrh. schon in Quarto und bilden, schon im 17. Jahrh., die eigentliche Volkslektüre. Unter dem Namen *Volksbücher*[1] bekannt, blieben sie bis in unserer Zeit in Umlauf. Jahrhunderte lang wurden sie ohne grosse Sorge neugedruckt auf grobem Papier und mit den alten kleinen, immer mehr abgenutzten, zum Teil sogar nicht der Geschichte angehörigen, Holzstichen geschmückt, gewöhnlich auch sehr verstümmelt, da sie im 16. Jahrh. fast alle auf den Index gesetzt wurden und auch später, in den südlichen Niederlanden, zum Teil nur wieder herausgegeben werden durften, nachdem sie der strengsten Censur unterworfen gewesen waren. Daher später meistens Exemplare mit Approbation aus dem 16. und 17. Jahrh.

Nach dem Inhalt sind sie zu unterscheiden in Erzählungen aus dem Kreise der kirchlichen Legende, aus der Geschichte des Altertums und aus der mittelalterlichen Romantik.

Zu den kirchlich-legendären Erzählungen gehören: *Die Historien der heiligher drie coninghen* (gedruckt 1479 Delf bi J. J. van der Meer en M. Yemantsz), aus dem Lateinischen des Bischofs Johannes von Hildesheim; das *Boeck van der destructien van Jherusalem* (1482 Ter Goude by Gher. Leeu), Prototype des späteren Volksbuches *De Historie van de deerlijcke Destructie ende Onderganck der stadt Jerusalem door de Keyser Vespatiaen* (Haerlem, V. Casteleyn, ± 1641, Amst. 1644, Utrecht 1693 u. s. w.), das auf die *Legenda Aurea* zurückgeht; *Een corte schone collacie van den goeden Thobias ende sinen soen die oec Thobias ghenoemt was* (± 1486 Haerlem bi Jan Andriesz), im 17. Jahrh. auch als *Historie van Tobias*, zusammen mit der *Historie der Ed. Wed. Judith* und der *Historie van Joseph den Droomer* (Antw. by F. J. Vinck, mit Approb. von 1623; und Amst. 1743), in Umlauf.

Seit dem 16. Jahrh. erscheinen *Die Histori van Santa Anna* (1499, Swolle by Peter Os van Breda, und Antw. 1679), von Wouter Bor, Kartheusern des Klosters Munnikhuizen, aus dem Lateinischen übersetzt; *Die historie van den heiligen patriarch Joseph, brudegom der maget Maria* (Ter Goude um 1500) und *Die historie van Joseph den vromen ende godvruchtigen jongelinck* (1571 Antw. by de Wed. van Ameet Tavernier), aus der Bibel geschöpft und später zusammen herausgegeben mit der Geschichte von *Simson* und *Jonas*. Auch die Geschichten von *David, Daniel, Esther* und *Susanna* erscheinen, wenigstens seit dem 17. Jahrh., in Volksbüchern.

Von den Prosaromanen, welche ihren Stoff der Geschichte des Altertums entlehnten, nannten wir schon *Alexanders Historie* (§ 25). Die *Historia Trojana* (± 1276) von Guido delle Colonne wurde übersetzt als *Guido van der Columnen Historien van Troyen* (1479 Ter Goude by Gher. Leeu), später als *Die historye van der destructyen van Troyen*.[2] Dieselbe Geschichte findet sich in der *Vergaderinge der Historien van Troyen van Mr. Roelof de Smit* (Haerlem 1485), eine Übersetzung des *Recueil des Histoires de Troyes* (1464) von Raoul Lefevre, dessen *Livre du preux et vaillant chevalier Jason et de la belle Médée* (± 1460) übersetzt wurde als *Historie*

[1] s. L. Ph. C. van den Bergh, *De Ned. Volksromans*, Amst. 1837 und G. D. J. Schotel, *Vaderlandsche Volksboeken en Volkssprookjes*, Haarlem 1873—74.

[2] Ausg. in Antw. ± 1500, 1512, ± 1520, 1541, Delft 1645, Amst. 1743 und noch Amst. B. Koene ± 1822.

van den vromen ridder Jason (Haerlem ± 1485).[1] Aus diesen beiden stammt das spätere Volksbuch *Van Jason ende Hercules* (1556 Antw. by Symon Cock und Amst. 1720). *Die Jeeste van Julius Cesar* erschien zwischen 1486 und 1493 in Schiedam. Aus dem 16. Jahrh. datiert die 1552 approbierte, 1570 aber verbotene *Historie van Virgilius, zyn leven, dood en wonderlyke werken, die hy deed door de konst der Nigromantie*[2] eine Übersetzung von *Les faictz merveilleux de Virgille* (± 1530).

Den nämlichen Stoff, welchen wir schon aus mittelniederländischen Dichtungen und Ritterromanen kennen, finden wir auch wieder in vielen Prosaromanen. *Reinaerts Historie* von 1479 nannten wir schon (§ 9). In demselben Jahr erschien *Die historie van die seven wyse mannen van Romen* (1479 Ter Goude bi Gheraert Leeu),[3] eine Übersetzung der *Historia septem sapientium.* Etwas später (± 1486 Ter Goude by Godfr. van Os) erschien *Die scoene historie hertoghe Godevaerts van Boloen* (später Antw. ± 1500 und 1544), welche im Prolog eine Übersetzung aus dem Lateinischen heisst, und 1490 *Die Historie van de vier Heemskinder,*[4] übersetzt aus *La belle et plaisante histoire des quatre fils Aymon, duc de Dordone.* Wohl aus derselben Zeit datiert *Een schoone Historie van den Ridder Malcgys* mit Approbation von 1606; doch sind uns nur Volksbücher aus dem 18. und 19. Jahrh. bekannt.[5]

Nach einer französischen Vorlage erschien im Anfang des 16. Jahrhs. eine *Historie van die coninghinne Sibilla* und *Een schoone historie van Huyghe van Bourdeus* (± 1515 Antw. bi Willem Vorsterman),[6] welche keine Übersetzung des französischen Prosaromans *Huon de Bordeaux* (von 1516) ist und ebensowenig eine Prosaumarbeitung des mittelniederländischen Ritterromans, wovon wir Fragmente besitzen (s. § 7), sondern vielleicht doch bearbeitet wurde nach einem (jetzt verlorenen) mnl. Ritterroman, wie die *Schoone hystorie van Margarieten des hertoghen dochter van Lymborch ende van haer broeder Heyndrick* (1516 Antw. bi Willem Vorsterman),[7] welche wirklich die Prosaauflösung eines gereimten Ritterromans (s. § 7) ist. Der letztere Teil des ursprünglichen Romans (namentlich Buch 9—11) ist in einigen wenigen Kapiteln zusammengezogen; das episodische sechste Buch, die Geschichte von Evax und Sibile van Arragoene, ist ganz fortgelassen, und auch überhaupt ist der ausführliche Roman sehr gekürzt und verstümmelt. Im 16. Jahrh. erschien auch eine, 1547 approbierte, Ausgabe von *Een schoone Historie van den ridder van*

---

[1] Vgl. F. van Veerdeghem, *Tijdschrift* XV 100—107.

[2] Die älteste mir bekannte Ausgabe ist aber von 1788; andere Ausg. o. J. Amst. bei S. u. W. Koene.

[3] Spätere Ausg.: Ter Goude ± 1480, Delf 1483, ± 1490, Amst. 1595, ± 1644, 1719, 1725, ± 1788, 1819 und Neudruck der ältesten Ausgabe von A. J. Botermans, Haarlem 1898; vgl. A. J. Botermans, *Die historie van die seven wijse mannen van romen,* Haarlem 1898.

[4] Nur ein Blatt dieser Ausg. ist erhalten: s. J. W. Holtrop, *Monuments typographiques des Pays-Bas,* La Haye 1868, 126. Spätere Ausgaben: Amst. 1718, 1752, 1761, 1767, 1788, 1802, ± 1820, ± 1830 u. A. Neudruck von J. C. Matthes, *De vier Heemskinderen, met inleiding en aanteekeningen,* Gron. 1872.

[5] Von: Erven de Wed. Jacobus van Egmont, Amst. o. J., von: F. A. Kimpe, Gent o. J., von: L. van Paemel, Gent o. J. Eine neue Bearbeitung von J. d. B. gab J. A. Alberdingk Thijm heraus, Amst. 1861.

[6] Spätere Ausg.: Antw. 1584, 1632, Amst. ± 1640. Neudruck von Ferdinand Wolf, *Huyge van Bourdeus,* Stuttgart 1860; vgl. Ferd. Wolf, *Über die beiden wiederaufgefundenen niederl. Volksbücher von der Königin Sibille und von Huon von Bordeaux,* Wien 1857.

[7] Spätere Ausg.: Amst. 1614, Antw. 1710, Amst. 1730, 1739, Deventer 1773, Nijmegen 1773, Amst. ± 1780, ± 1790, 1798 und ± 1815.

avontueren Helias, genoemd den Ridder met de zwaen.[1] Vielleicht ist auch dieser Prosaroman nach einem mnl. Ritterroman, namentlich dem ersten, jetzt verlorenen, Teil des *Godevaert van Bulloen* (s. § 7) bearbeitet von einem Rhetoriker, welcher die Prosa dann und wann mit eigenen Versen abwechselte, wie es auch der Umarbeiter des *Margariete van Lymborch* gethan hat. Dasselbe that auch der Verfasser von *Den droeflijcken strijt opten Berch van den Roncevale in Spaengien geschiet, daer Roelant ende Olivier metten fleur van Kerstenrijck verslaghen waren* (1576 Antw. by Jan van Ghele, mit Approb. von 1552).[2]

Wohl aus dem Französischen übersetzt ist die *Historie van Partinoples, Grave van Bleys* (1644 Amst. by Ot Barentsz. Smient, mit Approb. von 1551). *Een schoone historie van der Borchgravinne van Vergi* (± 1550 Antw. by de Wed. van Jacob van Liesveldt; später Amst. 1648) erzählt die tragische Geschichte, welche uns aus einer mnl. gereimten Sproke (s. § 22) bekannt ist. Da *De Historie van Floris en Blanchefleur*[3] offenbar eine Auflösung in Prosa des gereimten Ritterromans (§ 7) ist, wird sie schon im 16. Jahrh. oder früher verfasst sein: die ältesten jetzt bekannten Ausgaben[4] datieren aber aus dem 17. Jahrh.; 1621 wird sie in einem Censuredikt des Antwerpener Bischofs erwähnt, welches auch die *Historie van Valentyn en Ourson ende Coninck Pepyn van Franckryck* nennt. Dieselbe ist keine Auflösung des mnl. Romans von *Valentyn ende Nameloos* (s. § 7), sondern eine Übersetzung des Prosaromans *Lystoire des deux vaillant chevaliers Valentin et Orson* (Lyon 1489 und später); wir kennen von der niederländischen Übersetzung aber keine ältere Ausgabe als die Rotterdamer von 1640.[5]

Die von Boccacio in seiner *Decamerone* zuerst erzählte und daraus von Petrarca lateinisch übersetzte *Historia Griseldis mulieris maximae constantiae et patientiae* (1373) ist in den Niederlanden öfters bearbeitet, auch in Reimform, z. B. in der Handschrift von Antonius Ghyselers (1505—1518)[6] und unter anderen Namen von Dirc Potter (s. § 23). Zwei Prosaübersetzungen der *Historia Griseldis* von Petrarca wurden unabhängig von einander verfasst um 1400;[7] eine andere Prosabearbeitung aus derselben Zeit ist uns in sächsischer Mundart bewahrt geblieben.[8] Eine Übersetzung der *Histoire de la constance et patience de Griseldis, traduite du Latin de Fr. Petrarca* (1484) ist gedruckt unter dem Titel *Die hystorie van der goeder vrouwen Griseldis* (± 1500 Deventer by Jacob van Breda),[9] und später öfters zusammen mit zwei anderen Prosaromanen

---

[1] Von dieser Ausgabe aber ist nur ein Bruchstück bewahrt geblieben und veröffentlicht von W. de Vreese, *Tijdschrift* XIV 38—52. Spätere vollständige Ausgaben sind: Antw. by F. J. Vinck ± 1620, Amst. 1763, 1780, Antw. ± 1790, Amst. ± 1790, 1794, ± 1815, Gent ± 1830, Antw. 1840 und Gent 1847.

[2] Vgl. C. P. Serrure, *Vaderl. Museum* II 1—96.

[3] Vgl. G. Penon, *Taal-en Letterbode* VI 50—72.

[4] Mir sind nicht weniger als 20 spätere Ausgaben bekannt: die letzte wurde 1895 in «Oud-Hollandt» (auf der Amsterdamer Weltausstellung) gedruckt «by de kinderen van Izaak en Johannes Enschede». Der Text dieser Ausgabe ist dem Druck von Joh. Kannewet (Amst. 1756) entnommen, die Holzschnitte dem Druck von S. en. W. Koene (Amst. 1804). Der Lettertypus ist derjenige der Groninger Ausgabe von D. N. Greydanus.

[5] Diese und 21 andere sind beschrieben von W. Seelmann, *Valentin und Namelos*, Norden und Leipzig 1884, XXXVII—XXXIX.

[6] Ausg. von C. P. Serrure, *Vaderl. Museum* IV 225—242.

[7] Ausg. von J. Verdam, *Tijdschrift* XVII 1—30 und von J. Daniels, *Tijdschrift* XIX 111—127.

[8] Ausg. von J. H. Gallée, *Tijdschrift* IV 1—35.

[9] Spätere Ausg.: Antw. 1552, 's-Grav. 1730, Amst. 1761, ± 1822, ± 1840. Neudruck der ältesten Ausg. von D. J. van der Meersch, Gent 1849.

unter dem Titel *Der Vrouwen peerle ofte dryvoudige historie van Helena de verduldige, Griseldis de sachtmoedige ende Florentina de getrouwe* mit Approbation von 1621. Von diesen beiden Romanen sind auch viele Einzelausgaben bekannt: 1. *Een schoone ende wonderlijcke Historie van de verduldighe Helena van Constantinopolen, eens conincks Dochter, die XXVII Jaren achter Lande doolde, in grooter armoede broot biddende* (1640 Amst. by Broer Jansz.)[1] übersetzt aus der *Histoire de la belle Hélène de Constantinople, nièce de Saint Martin de Tours en Touraine et de Saint Brice son frère,* und 2. *Een schoone Historie van Alexander van Metz, hoe hy in Turckijen ghevangen werdt ende hoe hem zijn Huysvrouwe* (d. h. Florentina de getrouwe) *verloste, gekleet als eenen Moninck* (1645 Amst. by C. D. Cool.), vielleicht aus einem älteren Gedichte aufgelöst.

Ausserdem haben wir noch andere Erzählungen, deren uns keine gereimte mittelniederländische Fassung vorliegt; zuerst *Die historie van den vromen ridder Parys* (in späteren Ausgaben *Jan van Parijs*) *ende van die schone Vienna, des Dolphyns dochtere* (1487 Antw. by Gher. Leeu),[2] eine Übersetzung von *L'histoire du très vaillant chevalier Paris et de la belle Vienne, fille du daulphin.* Aus der Geschichte von Lusignan, 1387 geschrieben von Jean d'Arras, stammt die *Historie van die wonderlike vreemde ende schone Melusynen ende van haren geslachte* (1491 Antw. bi Gher. Leeu, und Antw. 1510). Der *Livre de Buefves de Hantonne* ist als *Die historie van Buevijne van Austoen, wt Engelandt gheboren* (1504 Antw. by Jan van Doesborch; auch Antw. 1552 und 1556)[3] übersetzt, aber der Verfasser, der seinem Original nicht immer treu gefolgt ist, hat auch lyrische Partien und gereimte Dialogen in seine Erzählung eingeschaltet. *L'ystoire d'Olyvier de Castille* (1482) ist übersetzt unter dem Titel *Een seer schone ende suverlike hystorie van Olyvier van Castilien ende van Artus van Algarbe, synen lieven geselle, ende ooch mede van die schoone Helena, des conincx dochter van Enghelant, ende van Heynrick, sone van Olyvier* (± 1510 Antw. bi Henric Eckert van Homburch). Eine Erzählung Boccacio's (*Decamerone* II 9) gab den Stoff zu einem französischen Prosaromane, welcher niederländisch übersetzt wurde unter dem Titel *Van heer Frederick van Jennen in Lombaerdien een warachtige historie, cortelinge gesciet, die vrouwe was ende een coopmans wijf ende moeste dolen achter lant ende wert een groot heere bi den coninc van Alkaren, dien si diende XIII jaren lanc als een man* (1531 Antw. bi Willem Vorsterman).[4]

Abwechselnd in Reime und in Prosa geschrieben ist *Die historie ende dat leven van den heylighen heremyt, vrient Gods, Jan van Beverley* (1543 Antw. bi Jan Wynrycx, und Antw. 1689), die Geschichte eines englischen Grafensohns, der auszog, um in der Fremde Einsiedler zu werden, vom Teufel aber so weit verführt wurde, dass er, vom Wein berauscht, seine Schwester Colette entehrte, nachher tötete und die Leiche vergrub. Nach siebenjähriger Busse wurde er durch ein Wunder begnadigt, obgleich der Papst selber ihm keine Gnade hatte versprechen können. Ein eben geborener Neffe, der in der Kirche getauft werden sollte, begann zu Jedermanns Erstaunen zu sprechen und verkündigte, dass Gott die Sünden des Einsiedlers vergeben hatte. Dieser beichtete jetzt seine Sünden dem

[1] Spätere Ausg.: Amst. 1684, 1695, Campen ± 1700, Deventer 1775, Amst. ± 1775, 1789, 1800, 1804, 1815, 1821, 1830, ± 1840, Deventer ± 1840, ± 1870.

[2] Spätere Ausg.: Antw. 1488, 1491, o. J. bi Govaerdt Back, Amst. 1646, 1704, 1728, ± 1788, 1789, ± 1795, + 1830 u. A.

[3] s. Joh. Bolte, *Tijdschrift* XII 311—319.

[4] Spätere Ausg.: Antw. 1620, 1626, Amst. 1642, Utrecht ± 1698.

Erzbischof von Cantelbergh, welcher ihm darauf mitteilte, dass auch seiner Schwester Gnade verliehen wäre. Dieselbe kehrte für einen Augenblick ins Leben zurück, um nach der Beichte heilig zu sterben.

Übersetzt aus dem Französischen ist *Een schoone historie .... hoe Turias die schoone Floreta ontschaecte ende hoe hy namaels coninck van Persen ghecroont werdt* (1554 Antw. by de Wed. van Jacob van Liesveldt, mit Approb. von 1551). Um dieselbe Zeit erschien die Übersetzung eines anderen franz. Romans: *Een schoone historie van Urbaen, die onbekende sone van den Keyser Frederick Barberousse, die door die loosheyt van sekeren Florentijnen vercreech die dochter van den Soudaen* (1558 Antw. by de Wed. van Jacob van Liesveldt, mit Approb. von 1552). Die schon früher verfasste, um 1480 zuerst herausgegebene *Istoire du vaillant chevalier Pierres, filz du conte de Provence, et de la belle Maguelonne, fille du roi de Naples* erschien in niederländischer Übersetzung unter dem Titel *Die historie van Peeter van Provencen ende die schoone Maghelone von Napels* (± 1564 Antw. by Niclaes van den Wouwere).[1] Eine *Histoire du roy Ponthus* wurde übersetzt als *Eene schoone ende amoruese historie van Ponthus ende die schoone Sidonie, welche waren beyde van coninclijcker afcoemsten: Ponthus des conincx Tibours sone, coninck van Galissien, ende Sidonie des conincx Huguets dochter van Britanigen* (1564 Antw. by Niclaes van den Wouwere). Obgleich keine Ausgabe des 16. Jahrhs. bekannt ist, gehört dieser Zeit wohl an *Een schone historie van den Ridder met dat Kruyce, genaemt Prins Meliadus den eenighgeboren zoon van den Keyser Maximiliaen uyt Duytslandt* (± 1670 Amst. by Mich. de Groot, und Antw. 1769), nach der halb mystischen *Histoire de Meliadus, chevallier de la croix*, nicht zu verwechseln mit dem *Meliadus le Leonnoys*.

Aus dem Kreise der Zaubergeschichten erschien 1592 die *Waarachtighe Historie van Doctor Johannes Faustus, die eenen utnemenden grooten Toovenaar ende Swart-constenaer was*, übersetzt aus der erweiterten hochdeutschen Fassung von 1589.[2]

Einigermassen zur Gattung der Volksbücher zu rechnen ist auch *Een schone historie gehyeten Sydrac* (1495 Leyden by Hugo Janss. van Woerden)[3] mit einem gereimten Prolog. Schon 1329 war diese Schrift, worin der Philosoph Sidrac nicht weniger als 400 schwierige Fragen über die höchsten Rätsel des Lebens, ihm vom König Bottus vorgelegt, beantwortet, aus dem Französischen übersetzt. Boendale, welcher um 1330 den *Sydrac* für seinen *Lekenspiegel* (s. § 20) benutzte, hat diese Übersetzung vielleicht schon gekannt, und jetzt liegt sie noch in mehreren Handschriften vor. Auch der Herausgeber des 15. Jahrhs. hat sie offenbar gekannt; doch weicht seine Ausgabe in mancher Hinsicht bedeutend ab. Einen komischen Pendant zum *Sydrac*, in cynischem Tone geschrieben, haben wir in *Dat dyalogus of twisprake tusschen den wisen coninck Salomon ende Marcolphus* (1501 Antw. bi Henric van Homberch).[4] Bekanntschaft mit

---

[1] Auch wurde sie zusammen mit dem franz. Text hrsg. von Jan van Waesberghe, Rott. 1624; s. Joh. Bolte, *Die schöne Magelone aus dem Französischen übersetzt von Veit Warbeck 1527*, Weimar 1894, S. LVII.

[2] s. Karl Engel, *Zusammenstellung der Faust-Schriften*, Oldenburg 1885, 111—114. Spätere Ausg.: Delft 1607, 1677, Amst. 1728 und zwei o. P. u. J., doch wohl Amst. ± 1775 und ± 1810.

[3] Spätere Ausg.: Deventer 1496, ? 1512, Leyden bi Jan Seversoen, Antw. 1522, 1540 und 1564; s. W. de Vreese, *Tijdschrift* X 33—39.

[4] Einen Neudruck, Gent 1861, gab die Maetschappij der Vlaemsche Bibliophilen, Ser. III Nr. 9.

Reformation angefangen, und schon wurden ihre Kammern in Städten und Dörfern die Brennpunkte der neuen Bewegung. Mit heftiger Empörung und schneidendem Spott griffen sie in ihren Refereinen — z. B. *Van twee pateren die reformieren woudden een nonnenclooster*[1] — zuerst die Priesterschaft und allmählich auch die Kirchenlehre an, indem sie dieselbe mit Stellen aus der Bibel bestritten oder in scharfen Satiren an den Pranger stellten. Im Jahre 1524 wurde u. a. darüber geklagt, dass in Amsterdam «diffamatoire Cantilenen» gesungen wurden vor den Thüren der Geistlichen, 1526 sang Claes Heyndricx in Hoorn Schimpflieder auf die Ceremonien der Kirche, 1528 wurden in verschiedenen Städten Hollands und Frieslands öffentlich Spiele aufgeführt, welche, wie der Statthalter sagte, das Volk scandalisierten, 1533 wurden die Amsterdamer Rhetoriker zu einer Wallfahrt nach Rom verurteilt, da sie in einem Batement die Geistlichkeit verspottet hatten, 1536 wurde in Gent Willem Polgier zu einer Büsse verurteilt «omme een liedeken, dat hi ghemaect hadde op de geesteliken», und zu gleicher Zeit wurde allen Faktoren der Rhetorikerkammern angesagt, dass sie keine Gedichte ausgeben sollten, welche nicht vorher approbiert waren von der Obrigkeit und den Dominikanern, die als Inquisiteurs mit den Karmelieten und Observanten die Leibwache der Kirche bildeten.

Nichtsdestoweniger zeigte sich der allgemeine Geist der Widersetzlichkeit ganz deutlich auf dem Landjuweel zu Gent im Jahre 1539, wo die ernsthafte Frage der *Fonteinisten:* «Welck den Mensche stervende meesten troost es» fast von allen Kammern durch Sinnspiele in protestantischem Geiste gelöst wurde, und die Frage in der lustigen Dichtgattung: «Wat volck ter waerelt meest zotheyt tooght» von den meisten mit Verspottung der Geistlichkeit in ihren Refereinen beantwortet wurde. Sinnspiele und Refereinen wurden gedruckt,[2] 1540 aber verboten, wie auch das im Aug. 1539 in Middelburg von den St. Annaskindern aus Veere aufgeführte Spiel *Den Boom der Schriftueren*,[3] worin Christus als «Der Sielen Medecijn» der Kirche als «Menschelijcke Leeringhe» gegenübergestellt wird. Gestrenge Verbote halfen nichts, Strafen und sogar Hinrichtungen schreckten nicht ab. Jacob van Middeldonck, Dekan der Rhetorikerkammer *De Damastbloem* in Antwerpen, wurde 1546, der Schulmeister Pieter Schuddematte, «een fraey Rethorisien», wie er genannt wird, 1547 in Antwerpen hingerichtet, aber die ketzerischen und schimpflichen Lieder und Refereinen von Anonymi wurden massenhaft in Umlauf gebracht und gelesen.

Natürlich schwiegen auch die Feinde der Reformation nicht, wie erhellt aus der handschriftlich überlieferten Sammlung von 67 *Politicke Balladen, Refereinen, Liederen en Spotdichten der XVI ceuw*,[4] meist von Katholiken

---

[1] Ausg. von J. F. Willems, *Belg. Museum* IX 183—186.

[2] *Spelen van zinnen by den XIX gheconfirmeirden Cameren van Rhetorijcken, binnen der stede van Ghendt comparerende, vertooght,* Ghendt by Joos Lambrecht 1539 (auch Antw. 1539, Wesel by Hans de Braeker, 1564) und *Refereynen Int Vroede, op de vraghe: Wat dier ter waerelt meest fortse verwint. Item int Zotte, op de vraghe: Wat volck ter waerelt meest Zotheyt tooght. Item int Amoreuze, op den stoc: Och, moghtic se spreken, is ware ghepaeyt,* Ghendt by Joos Lambrecht 1539 (auch Antw. by Hans Coesmans 1581, Rott. by Jac. van der Hoeven). Neudruck von J. F. J. Heremans, Gent 1877.

[3] Es kommt vor auf dem *Index librorum prohibitorum*, Antw. 1570 und ist noch zu finden in *Veel schoone chrstlijcke* (sic) *en schriftuerlijcke Refereynen*, etc. Dordrecht 1592 und Gorinchem 1608. Später ist es mit zwei anderen Spielen, jedoch unvollständig, gedruckt in *Belg. Museum* X 322—338. Einen vollständigen Neudruck gab G. D. J. Schotel, Utrecht 1870.

[4] Ausg. von Ph. Blommaert, Gent [1847, Vlaemsche Bibliophilen. Serie 2 Nr. 7].

und Spanischgesinnten verfasst, u. A. vom Prelat der Gentener St. Peterabtei Cornelis Columbanus Vrancx (geb. in Dendermonde um 1529, † 15. Aug. 1615), der viele Prosaschriften herausgab, vom Maler Lucas Horenbaut und von Louys Heyndricx, dessen Refereinen aber etwas später, von 1579 bis 1584 datiert sind.

§ 41. Anna Bijns. In dieser Sammlung finden sich aber auch zwei Refereinen aus der ersten Hälfte des 16. Jahrhs., gedichtet von der berühmtesten Dichterin ihrer Zeit, der niederländischen Sappho, wie sie noch in ihrem Leben genannt wurde, nl. Anna Bijns,[1] Schulmeisterin zu Antwerpen. Ihre erste Sammlung [23 Refereinen] erschien 1528 in Antwerpen,[2] und bereits 1529 gab Eligius Eucharius oder Eloy van den Houcke von Gent († 1544) davon eine lateinische Übersetzung heraus.[3] Eine zweite Sammlung [24 Refereinen] gab sie 1548 in Antwerpen heraus [neu gedruckt 1565]; eine dritte [70 Refereinen] besorgte für sie, 1567, Henrick Pippinck. Später sind alle diese Refereinen oft gesammelt neu gedruckt.[4] Schliesslich sind nach einer Hs. in Brügge noch 94 ihrer Refereinen herausgegeben.[5]

Die Dichterin Anna Bijns ist wohl, obgleich man es bezweifelt hat, dieselbe, wie eine urkundlich bezeugte Anna Bijns,[6] Tochter eines Strumpfwirkers Jan Bijns und Schwester eines Schulmeisters Merten Bijns. Diese Anna wohnte 1541 zu Antwerpen in der nämlichen Strasse, wo sie 1555 als Schulmeisterin verzeichnet ist, und wird noch 1573 erwähnt als beinahe achtzigjährige unverheiratete Frau, welche also um 1494 geboren wurde. April 1575 starb sie. Das erste datierte Gedicht von Anna Bijns ist vom Jahre 1523, das letzte vom Jahre 1532, doch sind mehrere nicht datierte Gedichte nach 1532 geschrieben, weil darin u. a. die Rede ist von Maarten van Rossum (1541—43), dem französisch-türkischen Kriege (1543, R III 56, 65) und dem Tridentiner Concil (1545—63. R. III 35), sogar von der Bilderstürmerei («der kerckbrekers en beeldenafsetters»), welche zuerst 1566 bedeutend wurde (R III 35, 63, 65). Es ist nicht zu verwundern, dass nicht die hochbetagte Frau selbst, sondern Pippinck, der gesehen hatte, dass «seker werck resterende was, dat noyt ghedruckt is gheweest», ihre späteren Gedichte herausgab, welche sie «heeft achtergelaten», wie er sagt, d. h. nicht «welche sie nachgelassen hat», sondern «welche sie unterlassen hat herauszugeben». Auch nennt er sie selbst 1567 «Anna Bijns, woonende binnen Antwerpen ende de Jonckheyt instruerende in het oprechte Catholijck gheloove». Eine Verstorbene würde er anders gekennzeichnet haben.

Alle ihre Gedichte gehören der gekünstelten Form und der ziemlich unreinen Sprache wegen noch völlig dem Zeitalter der Rhetoriker an; die

[1] Man lese über ihre Gedichte Paul Fredericq, *De Nederlanden onder keizer Karel*, Gent 1885 I 97—134 und E. Soens in *Leven en Werken der Zuidned. Schrijvers*, Gent 1900 ff., 83—88.

[2] Neu gedruckt 1541, 1548, 1564.

[3] Der Titel dieser Übersetzung ist: *Iste est pulcher et syncerus libellus, continens in se plura loepida* (sic) *et artificiosa cantica .... compositus in lingua vernacula ab Anna Bijns Antverpiana et deinde per .... Eligium Eucharium in lingua latina translatus* (Antw. apud Guill. Vorstermann 1529).

[4] In den Jahren 1602, 1611, 1620, 1623, 1646, 1668, immer in Antwerpen, zuletzt 1875 in Rotterdam von W. L. van Helten, *Refereinen van Anna Bijns naar de nalatenschap van Mr. A. Bogaers.*

[5] Von [W. J. A. Jonckbloet und] W. L. van Helten, Gent 1886. Noch ungedruckt finden sich Refereinen von Anna Bijns in einer Brüsseler Hs.

[6] s. P. H. Moons van der Straelen, *De Vlaemsche School* V 132 ff. und A. Cornette, *Ned. Museum* 1886, 179 ff.

dieser grobkomischen Parodierung der Weisheit zeigt sich auch schon in früheren mittelniederländischen Schriften.

Zu den *Cluchtboecken* gehört die aus dem Hochdeutschen (von 1515) übersetzte *Historie van Thyl Ulenspiegel,* welche jedoch nur eine Auswahl aus dem Original enthält. Sie erschien wohl schon in der ersten Hälfte des 15. Jahrhs., obgleich die erste datierte Antwerpener Ausgabe, der zahllose andere bis in unserer Zeit folgten, die Jahreszahl 1575 trägt.[1]

Noch im 15. Jahrh. (+ 1480) war in Brugge schon ein anderes «Cluchtboeck» französisch erschienen: *Les ewangiles des quenoilles,* das uns in ein wahres Weiberparlament einführt, wichtig für die Kenntnis des bürgerlichen Lebens, der Volkssitten und des Volksaberglaubens, und in munterem, sogar mutwilligem Tone geschrieben ist. Unter dem Titel *Die Evangelien van den Spinrocken* (u. A. Antw. bi M. van Hoochstraten, o. J.) wurde das vielgelesene Volksbuch übersetzt.

Eine beachtungswerte Schwanksammlung wurde 1576 in Antwerpen von Heyndrick Heyndricsen «van nieus in Nederlantsche Sprake overgheset, oversien ende oock vermeerdert» herausgegeben, näml. das *Cluchtboeck, inhoudende vele recreative Propoosten ende Cluchten, wt veel gheleerder mannen ende vermaerde Philosophen Boecken vergaert.*[2] Es enthält 157 ergötzliche Erzählungen, von welchen 80 übersetzt sind aus Pauli's *Schimpf und Ernst* (Strassburg 1522) und andere aus Bebel's *Facetiae* und Des Periers' *Nouvelles recréations et joyeux devis* (Lyon 1553) stammen.

Eine zweite Schwanksammlung, welche jedoch auch ernsthafte Novellen enthält, verfasste Fransoys Loockmans von Antwerpen unter dem Titel *LXXI lustige Historien oft Nieuwicheden, inhoudende vele schoone recreative ende playsante gheschiedenissen overgheset wt diverse talen in onse Nederduytsche Sprake* (1589 Antw. by de Wed. van Guillam van Parijs).[3] Von diesen Erzählungen stammen dreizehn aus dem *Heptameron* von Marguérite de Navarre, einundzwanzig aus den 1555 erschienenen *Comptes du monde adventureux,* fünf aus den schon genannten *Nouvelles* von Des Periers und sechsundzwanzig aus Bandello's *Novelle* (Lucca 1554) oder wohl eher aus der franz. Übersetzung, welche Boaistuau und De Belleforest davon 1580—82 herausgaben unter dem Titel *Histoires tragiques de Bandel.* Von dieser franz. Fassung der Sammlung wurde noch vor dem Ende des 16. Jahrhs. von Merten Everaerts von Brügge[4] eine freie, nicht ganz vollständige niederländische Übersetzung angefangen; der erste Teil dieser *Tragische of klachlijcke Historien* erschien 1598 in Antwerpen bei Jan van Ghele; der zweite Teil folgte 1601. Später übersetzte Isaac de Bert auch den dritten und fünften Teil (Rott. by Jan van Waesberghe, 1611, 1613) und Reynier Telle[5] oder Regnerus Vitellius wohl den vierten, sechsten und siebenten Teil.[6]

Die letzte Novellensammlung, welche wir zu erwähnen haben, ist *Der jonghe Dochters Tytcortinghe* (1591 Amst. by Cornelis Claesz),[7] welche

[1] s. Lappenberg, *Dr. Thomas Murners Ulenspiegel,* Leipzig 1854; 153 ff., 303 ff.

[2] s. Joh. Bolte, *Tijdschrift* X 127—143. — [3] s. Joh. Bolte, *Tijdschrift* XIII 2—16.

[4] s. C. P. Serrure, *Vaderl. Museum,* II 453—462, III 130—138, IV 363—368, V 311—316.

[5] s. Jan te Winkel, *Tijdschrift* III 170—173.

[6] Mit einem achten und neunten, nicht von Bandel herrührenden, Teil, 1648 übersetzt von Felix van Sambix, vermehrt, gab Jan van Waesberghe in Rotterdam die *Tragische Historien* 1646 wieder heraus; und 1649—50 wurden sie auch «Tot Utrecht voor Symon de Vries» gedruckt.

[7] Später (Amst. 1623, 1641, 1729 und 1734) wurde sie hrsg. als dritter Teil einer grösseren Sammlung, mit *Den Nederlantschen Wegh-korter* als erstem und *Der Melancolyen verdryver* als zweitem Teil. Vielleicht waren auch diese Sammlungen im 16. Jahrhundert schon gedruckt. Der *Wegh-korter* enthält viele in Holland spielende Geschichten.

18 Novellen enthält und darunter auch welche von Boccacio. *Vyftich lustighe Historien Joannis Boccatii* (Haerlem 1564) waren damals schon übersetzt von Dirck Volkertsz Coornhert (s. § 51).

Der heroische Prosaroman gelangte in den ersten Jahren des 16. Jahrhs. zu seiner höchsten Blüte, um während dieses Jahrhunderts allmählich in Verfall zu geraten, mit dem ursprünglich spanischen, immermehr sich ausdehnenden Romancyclus vom *Muy esforcado cavallero Amadis de Gaula* (ältester Druck van Buch I—IV 1508) und von *Palmerin de Oliva* (1511). Französische Übersetzungen von Nicolas de Herberay, Jean Maugin und Anderen wurden auch in den Niederlanden (in Antwerpen) herausgegeben und später auch übersetzt. Die ersten vier Bücher des *Amadis van Gaule* sind, wenigstens schon 1546 (?), 1568 und 1574 niederländisch in Antwerpen, 1592 und 1598 in Leyden gedruckt. Von 1596 bis 1624 erschienen auch die siebzehn anderen Bücher. Der *Palmeryn van Olijve* scheint zuerst 1602 übersetzt zu sein (zweite Ausg. 1613 Arnhem by Jan Janssen).

Eine Reaktion gegen die heroischen Romane trat ein mit dem ersten Gaunerroman *Lazarillo de Tormes*, dessen erster Druck 1553 in Antwerpen erschien. Auch dieser wurde schon bald, jedoch nach dem Französischen, niederländisch übersetzt unter dem Titel *De Ghenuechlijke ende cluchtighe Historie van Lazarus van Tormes wt Spaingen* (1579 Delf by Niclaes Pieterssen; auch Delf 1609, Rott. 1632, Amst. 1669 und Brüssel 1715).[1]

XIII. DIE REFORMATIONSLITERATUR.

§ 40. Die ersten Freunde und Feinde der Reformation. In den Niederlanden fand die Reformation, gleich nach Luthers Auftreten, viele Anhänger und Eiferer. Luthers Schriften wurden daselbst viel gelesen, auch in niederländischer Übersetzung, wie die schon 1520 und 1521 in Antwerpen gedruckten: *Die seven Penitencie psalmen* (Antw. bi Claes de Grave 1520); *Boecxken inhoudende dese Tractaten: Hoe en in wat maniere hem een mensche recht biechten sal; Hoe hem een mensche bereyden sal om tot dat heylige sacrament te gaen; In wat manieren men die bitter passie Christi overdencken sal* (Antw. bi Claes de Grave 1520); *Een schoon onderwisinge hoe een Kerstenmensche warachtelike aflaet verdienen mach* mit anderen Traktaten (Antw. bi Claes de Grave 1520); *Tessaradecas* oder *Een boecxken leerende eenen Kersten mensche hoe hij alle temptacie, alle druck ende liden van dit ellendighe dal der tranen verwinnen sal* (Antw. bi Claes de Grave 1521), *Den Ouwden Adam, zijnde een Leeringe hoe dat een Kersten mensche zal leeren kennen een recht verstand ende onderscheyd tusschen den Ouden Adam en tusschen Christus* (Antw. bi Claes de Grave 1521) und *Die thien geboden Gods* (Antw. 1520). Im Juli 1521 und Mai 1522 wurden sie in Antwerpen öffentlich vom Scharfrichter verbrannt. Vorzüglich waren es die Ordensgenossen Luthers, die Augustiner, welche seine Lehre predigten: in Antwerpen ihr Prior Jacobus Praepositus und in Dordrecht ihr Prior Hendrik van Zutfen. Auch unter den Minoriten fand die Ketzerei Eingang, wie zu Tage tritt in den vortrefflichen *Sermonen*, die der Pater-guardian Niclaes Peeters 1520 herausgab.

Dass die Reformation auch unter den Dichtern manche Feder in Bewegung setzte, bedarf wohl keiner weiteren Erklärung. Vorzüglich unter den Rhetorikern fand sie grossen Anhang. Kaum hatte das Zeitalter der

[1] s. Jan te Winkel, *Tijdschrift* I 77—80, 87—92, wo noch andere, hier nicht erwähnte Werke verzeichnet sind, welche aus dem Spanischen herrühren.

Glut und Begeisterung aber, wodurch sie sich auszeichnen, stempeln sie ganz zu Kindern einer neueren Zeit. Teils sind es, wohl sehr übertriebene, Klagen über ihre zu weltliche Lebensweise in der Jugend, teils Aufforderungen zur religiösen Gesinnung und zu guten Sitten. Viele von ihnen jedoch beweisen die Gültigkeit ihres Wahlspruches: «meer suurs dan soets», indem sie in denselben die Ketzerei der Lutheraner, der Sacramentisten und Anabaptisten, später auch der Calvinisten, mit einer scharfen Zuchtruthe geisselte.

Wohl übersieht auch sie die Missbräuche in der Kirche nicht und gesteht sie, dass nicht alle Geistlichen Engel sind — Priester sind aber Menschen wie andere Leute, ist ihre Entschuldigung — doch wäre der Untergang der Welt zu erwarten, meint sie, wenn die Reformatoren triumphieren würden. Maarten Luther, der die Freiheit predigt und also den bösen Leidenschaften der Menschen schmeichelt, ist der offenbare Teufel, der Verführer der Seele, viel gefährlicher als Maarten van Rossum, der nur die Leiber verdirbt. Mit seiner Lehre, dass nur der Glaube rechtfertigt, bewirkt Luther, dass fromme Werke nachgelassen und die Sünden, welche nicht mehr gebeichtet und gebüsst zu werden bedürfen, unter den Leuten hervorherrschen werden. Vorzüglich ärgert es sie, dass die weisen Meister der Kirche nicht mehr gehört werden, und jetzt jeder Mann, sogar jedes Weib als Lehrer auftritt und die Heiligen Schriften erklärt. Was das Ende sein wird, wenn man es nicht verhütet, lehrt die anabaptistische Bewegung in Münster unter dem König von Sion.

Eine Freundin von Anna Bijns war die Dichterin von Dendermonde, Roseane Coleners[1] († um 1560) oder die «Rose von der Denne (jetzt Dender)», wie Lucas de Heere sie nannte. Ohne lesen und schreiben zu können, hat sie nicht nur Lieder und Refraine, sondern auch Schauspiele für die Dendermonder Kammer *De Rosiers* verfasst, welche die Bewunderung ihrer Zeitgenossen erregten, jetzt aber verloren sind.

§ 42. Religiöse Streitgedichte. Der Wunsch, welchen Anna Bijns mehrmals in ihren Refrainen ausgesprochen hatte, dass die weltliche und die geistliche Obrigkeit kräftiger gegen die Ketzer auftreten würden, kam in Erfüllung. Die Verordnungen gegen die Ketzerei wurden immer schärfer, immer weniger wurde es den städtischen Behörden möglich, ein Auge zuzudrücken, und die Hinrichtungen folgten die eine nach der anderen. Wohl hatte die erste fanatische Raserei der Anabaptisten ausgewütet, jetzt aber (1566) waren es die angesehensten Edelleute mit Heinrich von Brederode an der Spitze, welche unter dem Schimpfnamen von *Geusen* der Landvögtin Margaretha eine grössere Freiheit abforderten, und ging das Volk in seiner Erbitterung so weit, die verhassten Bilder in den Kirchen zu zerstören. Diese neue Empörung und vorzüglich die Bilderstürmerei veranlasste König Philipp seinen kräftigsten Feldherrn, den Herzog von Alba, mit der Auswahl der spanischen Legionen 1567 über die Alpen nach den Niederlanden zu senden, wo er bald den Platz der Landvögtin einnahm. Mit ihm beginnt die blutige Zeit der allgemeinen Verfolgung. Sogar die königlichen Statthalter, die Grafen von Egmond und Hoorne, wurden zu Brüssel öffentlich hingerichtet (5. Juni 1568) und neben ihnen viele andere aus allen Klassen der Gesellschaft.

Unter den Opfern, welche der 1567 vom Herzoge von Alba eingerichtete *Raad der beroerten* forderte, fanden sich auch Rhetoriker, welche sich nicht gekehrt hatten an das Plakat, wobei König Philipp 1559 verbot «het

[1] s. Prudens van Duyse, *Belg. Museum* II 93—101.

verspreiden, zinghen ofte spelen van eenighe camerspelen, staende spelen, loven, liedekens, figuren ofte batementen, daerinne gemengelt sijn quaestiën, propositiën of materyen, beroerende onse religie of geestelijcke luiden», und wobei nur von approbierten Spielen die Aufführung zugelassen war. Johan Onghena, der 1564 noch mit einer Ermahnung der Gentener Obrigkeit frei gekommen war, aber auch später mit Schimpfliedern gegen Mönche, Nonnen, Beginen und vorzüglich gegen den Dekan von Ronse, Pieter Titelman, seine Mitbürger ergötzt hatte, wurde 1568 gehängt, und ein anderer Gentener Rhetoriker Jan Lautte, 1569 erwürgt und verbrannt. Im Aug. 1568 wurde der Schuhmacher Heyndrick Adriaensz, Faktor der Rhetorikerkammer *De Pellicaen* in Haarlem, hingerichtet, da er um die Wende von 1566 und 1567, als die Geusen in Heinrich von Brederode ihren Retter sahen, Schimpflieder und Refraine in Druck herausgegeben und selbst in den Strassen gesungen hatte, u. a. Echolieder, von welchen er selbst die Fragen vortrug, die sein jüngster Sohn mit einem komischen Wiederhall beantwortete, z. B.:

«Wat sijn nu Papen en Monnicken, die songen als een lijster? *bijster.*
Wat sullen sij moeten doen, dese geleerde Klerken? *werken.*
Wat souder wel aender Monnicken Kappen hooren? *ooren»* u. s. w.[1]

In Amsterdam musste 1568 der bekannte Rhetoriker Egbert Mainartsz, Mitglied der Kammer *De Eglentier,* seine Schimpfsucht mit dem Tode büssen.

Von letzteren finden sich zwei Refraine in einer Sammlung von 144 *Refereinen, afgeschreven door Jan de Bruyne,*[2] welche, neben Refrainen von Anna Bijns, meistens Gedichte von Anhängern der Reformation vor 1584 enthält. Viele Refraine haben nur einen Wahlspruch als Unterschrift; diejenigen, welche mit einem Namen unterzeichnet sind, sind verfasst von 1. einem uns übrigens unbekannten Godtschalck, 2. G. de Bont, welcher 1559 in Antwerpen mit einem Referein den ersten Preis gewann; 3. Wygans von Breda; 4. G. van der Eycken, Mitglied der Rhetorikerkammer *De Orangiebloem* (Spr. «Wt rechter liefde») in Breda; 5. A. van Molle, Mitglied der Kammer von «d'Ongheleerden», genannt *Het Jenettenbloemken* in Lier, der 1568 in einem Gedicht die Hochzeit von Colaert, dem Prinzen dieser Kammer, feierte und 1562 mit einem Referein im Wettkampf zu Brüssel den ersten Preis gewann; 6. Jan de Costere oder Jan Stroosnyder, Faktor der Kammer *Het Kersouwken* in Löwen, der u. a. 1562 zu den Kämpfern beim Refrainfest in Brüssel gehörte und von welchem ausserdem zwei Refraine gedruckt sind unter dem Titel: *Warachtige ende wonderlijke beschrijvinghe die geschiet sijn tot Luevene, principalijck van den grooten watervloed* (Lueven by Jacob Heyberchs 1573) und *De Clachte van Sinte Peeters toren binnen Loven* (Loven 1575);[3] 7. Jan Fruytiers, wahrscheinlich Brabanter von Geburt, später aber Faktor der Rijnsburger Kammer *De Roode Angieren* und Requestmeister Wilhelms von Oranien, der mitkämpfte in den Dichtwettkämpfen zu Rotterdam (1561), zu Brüssel (1562) und zu Antwerpen (1564), und verschiedene Liederbücher herausgab, nl. *Ecclesiasticus oft de wijse Sproken Jesu des soons Syrach: Nu eerstmael deurdeelt ende ghestelt op bequame en ghemeyne voisen* (Antw. by Willem Silvius 1565),[4] vorzüglich wichtig für die Geschichte der Musik,

[1] s. J. Tidemann, *Studien en Schetsen op het gebied van de Geschiedenis en de Letterkunde van Nederland,* 's-Grav. 1892, 288—294.
[2] Ausg. von K. Ruelens, Antw. 1879.
[3] Neudruck von Edw. van Even, *Twee Refereinen betrekkelijk de Geschiedenis van Leuven door Jan Stroosnyder,* Leuven 1852.
[4] Typographische Reproduktion von D. F. Scheurleer, 's-Grav. 1893.

Het Leven der Roomsche ende Constantinopelsche Keyseren int cort in dicht ghestelt (Antw. by Willem Silvius 1566), *Schriftmetige gebeden up deerste Boeck Moysi, Genesis; insghelijcx op alle de Psalmen des coninclicken Propheets Davids* u. s. w. (Embden by Goossens Goebens 1573 und Amst. 1620), *Den Sendbrief Pauli tot den Romeynen op stichtsanghen gheset* (Leyden 1582), die gereimte *Corte Beschrijvinghe van den ellendighen... watervloet, die op den eersten Nov. Anno 70 ... is gheschiet* (1571 und Leyden 1614), das Schimpfgedicht *Warachtighe Legende van Jan de Witte, in Franchoische tale ghenaemt Jean le Blancq, waerinne cortelijck Rijmsche wijse vervatet wort de afcoemste, het opwassen, de voortganck, de cracht, elendighen staet ende alle ghelegentheyt van der Papisten broot-Godt, overgheset ut de Franchoysche Rijme* (Leyden 1596 und 's-Grav. 1609) und mehrere Prosaschriften, u. a. eine *Corte beschrijvinghe van de strenghe belegeringhe ende wonderbaerlicke verlossinghe der stad Leyden in Holland* (Delft 1574 und 1577, Leyden 1646).[1]

In De Bruyne's Sammlung finden sich weiter noch Gedichte von Antwerpener Dichtern, nl. von 8. Peeter Heyns[2] (geb. 1537), der zuerst als Faktor der Rhetorikerkammer *Den bloeyenden Wyngaert* (Spr. «Niet sonder God») zu Berchem bei Antwerpen auf dem Antwerpener Landjuweel von 1561 mit einem Sinnspiel erscheint, in Antwerpen (wenigstens von 1577 bis 1585) und nachher in Haarlem (wenigstens seit 1588) Schulmeister war, wo er 1598 verschied, und der sich nicht nur durch französische Schriften bekannt machte, sondern vorzüglich durch den *Spieghel der Werelt, ghestelt in Rijme* (Antw. by Chr. Plantyn 1577, 1583 und nachher Amst. 1596 herausgegeben von seinem Sohn, dem Dichter Zacharias Heyns), eine gereimte Geographie mit vielen vorzüglichen Karten, bearbeitet nach dem *Theatrum Orbis Terrarum* von Abraham Ortelius, und auch in französischer und italienischer Übersetzung 1579 und 1593 herausgegeben; 9. Pieter Cassiere «van den Bossche», Dekan der Antwerpener Kammer *De Olijftack* (spr. «Ecce gratia»), der 1559 ein bald von der Kammer aufgeführtes kleines Spiel verfasste: *Een present van Jonste, Vrientschap en Trouwe* (das «Present» ist eine Bibel) und der mit Refrainen auch Preise gewann in den Wettkämpfen in Antwerpen (1559) und Brüssel (1562);[3] 10. Cornelis Crul, von welchem handschriftlich bewahrt ist ein *Carnation* vom Brand der Liebfrauenkirche in Antwerpen (1533), eine *Retrograde*, zugleich Acrostichon mit seinem Namen, und zwei *Baladen van achten*, indem von ihm gedruckt wurden eine gereimte Übersetzung von Erasmus' *Colloquia* (1611) und *Eenen gheestelijcken A. B. wt de heilighe Schrift in dichte ghestelt* (Antw. bi Mattheus Cromius 1543),[4] ganz in protestantischem Geiste und 1550 verboten, aber 1551 in Löwen herausgegeben mit Approbation; und 11. dem berühmtesten von Allen Willem van Haecht.

Schon 1552 wurde Willem van Haecht Mitglied der Antwerpener Kammer *De Violieren,* welche sogleich ein *Spel van Scipio* von ihm aufführte. Sein erstes Spiel, das gedruckt wurde, war *Een spel van sinnen opt derde, vierde ende tvijfste Capittel vant werk der Apostelen*

[1] Ein Neudruck erschien Haarlem 1739 mit Noten von P. Scriverius.

[2] s. C. P. Serrure, *Vaderl. Museum* III 293—404.

[3] Diese Refraine sind gedruckt in *Refereynen ende Liedekens van diversche Rhetoricienen wt Brabant, Vlaenderen, Hollant ende Zeelant: Ghelesen ende ghesongen op de Corenbloeme Camere binnen Bruessele op haer jaerlijcxse Prinsfeeste Anno 1562* (Bruessel by Michiel van Hamont 1563).

[4] Alle diese Gedichte sind hrsg. von C. P. Serrure, *Vaderl. Museum* V 381—399. Im Britischen Museum findet sich noch eine Hs. von 1539 mit Gedichten von ihm.

(Emden 1557).[1] Im Jahre 1561 war er die Seele des grossen Landjuweels in Antwerpen, wofür er selbst u. a. zwei *Wellecomen* und zwei *Oerloven* verfasste. Mit bekrönten Refrainen nahm er teil an den Wettkämpfen in Brüssel (1562) und Antwerpen (1564). In vier noch handschriftlich bewahrten Spielen dramatisierte er die Geschichte der Apostel (1563—64). Hatte er sich schon in diesen Spielen als Anhänger der Reformation gezeigt, noch nachdrücklicher that er das mit *Dry Lamentatien ofte Beclaginghen, inhoudende Dmisbruyck ende onverstandt die teghen Gods woort nu van vele geüseert en gheleert worden* (gedruckt 1567) und mit *Een Dialogus van Twee personagien, ghecomponeert op de wonderlijcke Verlossinghe van Leyden, anno 1574 den 4. Octob. Nu corts ghespeelt van den Schilders. Noch met meer ander Refereynen, Baladen, op den tijt voorleden ende den tijt present* (gedruckt 1578). Viele von diesen Gedichten waren schon vorher als Pamphlete in Umlauf gebracht. Eine politische Dichtung war auch *De vijf Claechliederen Jeremie over Jerusalem ende dlant Juda* (Antw. 1578). Schliesslich gab er in *De CL Psalmen Davids* (Antw. 1579) eine Umarbeitung heraus von *Den geheelen Souter Davids met alle de compositiones op de Psalmen ende met de christelicke lofsangen, gebeden ende danckliedekens* (Wesel 1567), von Verschiedenen verfasst. Van Haecht's Psalmübersetzung ist wiederholt neu herausgegeben, 1583 sogar mit einem Privilegium Parma's, und ist in den niederländischen Gemeinden der Lutheraner noch gesungen bis in der ersten Hälfte des 18. Jahrhs.[2]

Neben sehr vielen lateinischen, französischen, einigen hochdeutschen Büchern und niederländischen Prosaschriften finden sich poetische Werke von Van Haecht, wie auch von Crul und Fruytiers unter den von Kaiser Karl 1546 und 1550, von König Philipp 1557 und vom Herzoge von Alba 1570 verbotenen Büchern.[3]

Als durch Albas strenges Verfahren die religiöse und soziale Empörung ein allgemeiner Aufstand, bald auch ein regelmässiger Krieg geworden war, da fehlte es auch den Dichtern und sogar den räsonnierenden Rhetorikern nicht an dichterischer Begeisterung. Die Ereignisse des Tages lieferten ihnen die wichtigsten Stoffe und daher auch die Volkslieder, die unter dem Namen *Geusenliedekens* bekannt sind. Anfangs waren es fliegende Blätter, wie diejenigen, welche noch im Kampener Archiv bewahrt werden, und womit Cornelis Pietersz 1566 und 1567 in den nördlichen Niederlanden kolportierte, natürlich ohne Privilegium, aber «met eewich Privilegie des Alderhoochsten», wie es heisst auf dem Titel eines 1566 gedruckten *Schoon Refereyn van der Papen Gheschrey teghen Vive le Geus!*» Später (zuerst 1581) wurden sie auch gesammelt herausgegeben unter dem Titel *Een nieu Geusenlieden boecxken,* das wiederholt und öfters viel vermehrt gedruckt wurde.[4]

[1] Noch gedruckt Dordrecht 1592, Gorinchem 1608 und zum Teil *Belg. Museum* X 322—326.

[2] s. J. C. Schultz Jacobi, *Geschiedenis van het godsdienstig gezang bij de Lutherschen,* Utrecht 1843.

[3] s. F. H. Reusch, *Die Indices librorum prohibitorum des 16. Jahrhs.,* Stuttgart 1886 und Christiaan Sepp, *Verboden lectuur. Een drietal Indices librorum prohibitorum toegelicht,* Leiden 1889.

[4] Die Ausg. von 1588 enthält 60 Lieder, die Haager von 1603 fügte dieser noch 46 zu, die Ausg. von 1610 noch 8, die Amsterdamer Ausg. von 1616 noch 39. Im Ganzen haben wir 170 Geusenlieder, vor 1609 verfasst. Die vollständigste (nur nicht genügende) Ausg. ist von H. J. van Lummel, *Nieuw Geuzenlied-boek,* Utrecht 1874; vgl. noch Philipp Wackernagel, *Lieder der niederl. Reformirten aus der Zeit der Verfolgung,* Frankfurt a. M. 1867 und A. D. Lohman, *Twaalf Geuzeliedjes met de oorspr. Wijzen,* Amst. 1872 und für die Melodien A. D. Lohman, *Bouwsteenen* II *Jaarboek der Vereeniging voor Noord-Nederlandsche Muziekgeschiedenis,* 1872—74, 216—229.

Die *Geusenliedekens* sind nur zum geringeren Teil Schimpf- und Spottlieder, womit die Geistlichen, die Spanier und vorzüglich der Herzog von Alba getroffen werden, z. B. das Spottlied vom verstorbenen Papst Pius IV., der im Fegefeuer ankommt, wie es heisst, nachdem St. Peter ihm den Eintritt in den Himmel und Lucifer ihm den Zugang zur Hölle verweigert hat (VL. N. 6), das *Liedeken van Paepken uit, voor wint met de Geusen:* «Ick hope dat de tijdt noch comen sal, dat men sal roepen overal ..... Vive, vive le Geus!» (VL. N. 10), *De thien gheboden des aertschen Godts* (d. h. des Papstes) (VL N. 33), das kräftige «Helpt nu u self, soo helpt u God uyt der tyrannen bandt en slot, benauwde Nederlanden!» (VL N. 34), das Aufgebot an die Städte, als der Prinz von Oranien zum zweiten Male ins Land zurückgekommen war: «Ras seventien provincen, stelt u nu op de voet!» (VL N. 53), die vier *Psalmen van Penitentie van Ducdalva* (VL N. 67—70), die Klage von Alba, womit er es bereuet, dass er so unklug war, den zehnten Pfennig zu fordern (VL N. 77), das *Oerlofflied van Duckdalve:* «Ick wil te lande rijden, sprac daer den ouden Grijs» (VL N. 78), ein Abschiedslied auf die Weise des Lieds von Hillebrant, u. s. w. Zum grösseren Teil sind es Geschichtslieder, welche zusammen eine deutliche Übersicht des Aufstandes gewähren zwischen den Jahren 1568 und 1609, und welche, trotz ihrer mangelhaften Form, vorzügliche Proben satirischer oder religiöser, nicht selten im Psalmton geschriebener Volkspoesie genannt werden dürfen.

Von nur wenigen dieser Geusenlieder sind die Dichter bekannt. Unter ihren Namen finden sich aber die schon erwähnten: Jan Fruytiers (VL N. 26, 59) und Willem van Haecht (VL N. 14, 43), und weiter der frühere Pastor und Bilderstürmer Arent Dircksz. Vos, der das bekannte, zugleich älteste der eigentlichen Geusenlieder: «Slaet opten trommele van dirredomdeyne; Vive le Geus, is nu de leus» (VL N. 3) verfasst hat, Joris Wybo (VL N. 19, 20), Jan Cooman von Delft (VL N. 24), Cornelis van Damme (VL N. 35), Dirck Volkertsz Coornhert (VL N. 27), Bisdom (VL N. 141, 142, 155), Cornelis van Niervaert (VL N. 144, 145), Karel van Mander (VL N. 164), der Antwerpener Pieter Steerlincx[1] (VL N. 49, 118), der 1574 und 1575 als französischer Schulmeister in Delft zwei Geschichtsbücher herausgab und bevor er Holland wieder verliess, um sich in Mechelen niederzulassen, den Rhetorikern in Holland und Zeeland ankündigte, dass er 3. Sept. 1580 in Heenvliet einen Dichtwettkampf abhalten wollte, der, wie die *Diversche Refereynen ende Liedekens* (gedruckt in Antw. 1582) beweisen, auch wirklich abgehalten ist; und schliesslich der Maler Jeronimus van der Voort (VL N. 56), Faktor der Rhetorikerkammer *Den groeyenden Boom* in Lier, der 1561 in Antwerpen, 1562 in Brüssel sich an dem Wettkampf beteiligte, aber, 1568 aus dem Kerker entwischt und von allen seinen Gütern beraubt, den Feldzug Wilhelms von Oranien an der Mase und in Hennegau mitmachte, von 1576 bis 1585 in Antwerpen wohnte und daselbst Faktor der Kammer *De Goudbloem* wurde. Nach dem Fall Antwerpens liess er sich in Vlissingen nieder und wurde daselbst Faktor der Kammer *De blaeu Acoleyen* (Spr. «Den geest ondersoecket al»). In Brielle verbrachte er seine letzten Lebensjahre. Er schrieb: 1. *Een schoon profijtelick Boeck, ghenaemt den benauden, verjaechden, vervolchden Christen, wt den ouden ende nieuwen Testamente, in een maniere van een tsamensprekinghe gemaect in rethorijcke* (Leyden 1577, auch Haarlem 1612, Dordrecht 1615; 2. *Het heerlick*

[1] s. C. P. Serrure, *Vaderl. Museum* V 337—355, 443—446.

bewijs van des menschen ellende ende miserie, getrocken wt alle oude Philosophen ende stichtelick in Rethorijcke ghestelt (Antw. 1582[1]) und 3. *Het leven en sterven ben ic ghenaemt* (Dordrecht 1597).

§ 43. Philips van Marnix.[2] Keines von den Geusenliedekens wurde namhafter, als das *Wilhelmus van Nassouwe,*[3] 1568 oder 1569 gedichtet als Gegenstück zum *Chanson de la ville de Chartres assiégée par le Prince de Condé* (1568), mit dem Anfang: «O la folle entreprise du Prince de Condé», und mit der nämlichen Melodie gesungen. In 15 Strophen, wovon jede anfängt mit einem Buchstaben des Namen *Willem van Nassov,* wird der Prinz von Oranien redend eingeführt, um seine Liebe zum Volke, seinen Schmerz über das Misslingen seiner Befreiungsversuche und sein festes Vertrauen in Gott auszusprechen. Wohl mit Recht hat man, schon seit 1603, als Verfasser dieses anonymen Liedes betrachtet Philips van Marnix, Herrn von St. Aldegonde, geb. in Brüssel 1538.

Dieser gelehrte Edelmann, welcher in Genf unter Calvin und Beza studiert hatte, erwies sich in seinen zahlreichen Schriften als einen gründlichen Humanisten und Theologen und schloss sich kräftig dem Aufstand gegen Spanien an, bereits im Jahre 1566, indem er den Bund der Edlen förderte und eine Schrift zur Verteidigung der Bilderstürmerei verfasste. Im Jahre 1567 wanderte er aus, zuerst nach Emden, später nach Heidelberg, wo er Friedrich III. diente, und seitdem war er als Staatsmann die rechte Hand Wilhelms von Oranien. Im Jahre 1572 kehrte er in sein Land zurück, indem er Oranien auf der in Dordrecht abgehaltenen Sitzung der Generalstaaten vertrat, 1573 erschien er auf dem Kriegsschauplatz, wurde jedoch Kriegsgefangener; im Jahre 1576 beteiligte er sich an der Gentener Pacifikation, im Jahre 1577 förderte er die Abschliessung der Brüsseler, im Jahre 1579 die der Utrechter Union. Im Jahre 1575 wirkte er für Oranien in Krakau und London, im Jahre 1578 war er Abgeordneter zum Reichstage in Worms, im Jahre 1580 Gesandter am französischen Hofe. Von 1583 bis 1585 war er Bürgermeister von Antwerpen. Nachdem er die Stadt aber dem Herzog von Parma übergeben musste, fiel er [Wilhelm von Oranien war 1584 ermordet] in Ungnade bei den Staaten, und seitdem lebte er ohne Amt auf seinem Landgut West-Souburg in Zeeland, seit 1594 aber in Leiden, wo er vorzüglich beschäftigt war mit einer, unvollendet gebliebenen, Übersetzung des alten Testaments aus dem Hebräischen, und wo er 15. Dec. 1598 verschied. Sein Tod wurde betrauert in einem dialogisehen *Claeg-dicht* von Marcus Zuerius (Leyden 1600).

---

[1] In den späteren Ausgaben: Dordrecht 1595, Delft 1596, Rott. 1601, Amst. 1676, 1701 u. a. ohne Jahr findet man noch ein *Refereyn van de omgekeerde rocken binnen Antwerpen* von 1585.

[2] s. W. Broes, *Filips van Marnix, bijzonder aan de hand van Willem I,* Amst. 1838—40; E. Quinet, *Marnix de Sainte-Aldegonde,* Paris 1854; Th. Juste, *Vie de Marnix,* La Haye 1858; Paul Fredericq *Marnix en zijne Nederlandsche Geschriften,* Gent 1881. Eine Gesamtausgabe der Werke Marnix gaben E. Quinet, Alb. Lacroix und Alf. Willems, Bruxelles 1857—60, später vervollständigt von J. J. van Toorenenbergen, 's-Grav. 1871—78.

[3] s. Jacobus Scheltema, *Geschied. en Letterkundig mengelwerk* III 2 (1823) 174—197; G. D. J. Schotel, *Het oude Volkslied Wilhelmus van Nassouwen,* Leiden 1830 und *Gedachten over* u. s. w. 1834; F. van Duyse, *Ned. Museum* XXXIV 65—94, 177—180 und *Tijdschrift der Vereeniging voor Noord-Ned. Muziekgeschiedenis,* V 3 (1897) 153—188; J. W. Enschede, *Oud Holland* XII (1894) 172—190, 200—232 und *Tijdschrift Muziekgeschiedenis* V 2 (1896) 100—128; A. D. Lohman, *Tijdschrift Muziekgeschiedenis* V 1 (1894) 46—73; J. Postmus, *Het Wilhelmus,* Kampen 1900. Um 1582 wurde eine französische Übersetzung des *Wilhelmus* von Gabriel Fourmennois mit fünf anderen *Chansons et complaintes* herausgegeben: s. *Bibliotheca Belgica* F 33.

Schon vor 1566 hatte er eine gelehrte französische Schrift gegen die katholische Kirche verfasst, die er 1569 umarbeitete und niederländisch herausgab unter dem Titel *De Biënkorf der Heilige Roomsche Kercke.*[1] Diese namhafte Schrift ist eine scharfe Satire gegen die katholische Kirche, geschrieben unter dem Einfluss des Erasmus und Rabelais, jedoch mit grösserem Ernste. Unter dem Vorwand, die Mutterkirche verteidigen und die Argumentation der von Gentianus Hervet französisch geschriebenen *Epistres aux devoyez de la foy* (Anvers J. Molyns 1561), als *Twee Missiven ofte Sendtbrieven aen de verdoelde van den christen gheloove* (Antw. by Jan Mollyns o. J. = 1561 und Antw. by Emanuel Philips Tronaesius 1566) übersetzt, erhärten zu wollen, setzte er darin mittels einer Fülle gelehrter und zuschlagender Citate das Unwahre und Ungenügende ihrer Lehre in das klarste Licht und zwar in einem reinen, kernhaften und geistreichen Stil, wie ihn vor ihm noch keine niederländische Prosaschrift aufzuweisen hatte. Durch seinen *Biënkorf* wurde Marnix der Vater der neueren niederländischen Prosa. Am Ende seines Lebens überarbeitete er seine frühere französische Schrift und erweiterte sie. Nach seinem Tode erschien sie zu Leiden 1599 als *Tableau des différens de la religion.*

Auch auf dem Felde der Poesie zeichnete er sich unter allen seinen Zeitgenossen aus, nicht nur durch wenige kleinere, ursprüngliche Gedichte, u. a. zwei Sonnette (1576) an Lucas de Heere gerichtet, welche er aber niemals gesammelt herausgab, sondern vorzüglich durch seine gereimte Übersetzung von *Het Boeck der Psalmen Davids wt de Hebreische Spraecke in Nederd. dichte overgheset* (Antw. 1580), womit er der erste war, der dem Hebräischen Grundtext folgte. Von dieser Schrift erschien 1591 in Middelburg eine zweite Ausgabe, welcher auch eine Prosaübersetzung der Psalmen beigefügt war und *Het Boeck der Heylige schriftuerlicke Lofsangen, uyt den ouden ende nieuwen testamente byeen getogen.*[2] Schon um 1574 hatte Marnix mit dieser Übersetzung angefangen und lebenslang hat er sie ausgebessert,[3] indem er die grösste Sorgfalt anwandte, um eine fliessende, edle, dichterische Sprache zu schreiben und mit seinem feinen Gefühl des Wohllauts allmählich (sei's auch noch nicht radikal) in die niederländische Poesie eine Versifikation einführte, welche forderte, dass die regelmässigen metrischen Hebungen mit den Hochtönen der gesprochenen Reden in Übereinstimmung wären. Vor Marnix wurden, in französischer Weise, die Silben nur gezählt und wurde mit der Betonung nur unbewusst und niemals konsequent Rechnung gehalten, sogar auch dann nicht, wenn die Verse verfasst waren um gesungen zu werden. So wurde Marnix mit seinen gereimten Psalmen auch ein Vorgänger für die grösseren Dichter des 17. Jahrhs.

§ 44. Die religiöse Reformationslyrik. Mit seiner gereimten Psalmübersetzung liess Marnix alle seine Vorgänger weit hinter sich

[1] Während seines Lebens wenigstens fünfmal und nach seinem Tode wenigstens achtzehnmal neu hrsg., zuletzt von Alf. Willems, Brüssel 1858. Im Jahre 1578 wurde sie englisch übersetzt von George Gilpin, neu gedruckt 1623. In den Jahren 1576, 1716 und 1733 erschienen drei verschiedene hochdeutsche Übersetzungen, und 1579 die berühmte freie hd. Übersetzung von J. Fischart, welche wenigstens zehnmal neu hrsg. wurde: s. A. F. C. Vilmar, *Zur Literatur Johannis Fischart,* 2 A. Frankf. a. M. 1865 und F. G. C. Valette, *Vierteljahrschrift für Lit.-Geschichte* II 97—117.

[2] Nach der dritten Ausg. von 1617 (Leyden by Lowijs Elzevier) wurde sie neu hrsg. von J. J. van Toorenenbergen, *Marnix' godsdienstige en kerkelijke Geschriften* I ('s-Grav. 1871) 183—489.

[3] s. M. Rudelsheim, *Tijdschrift* XVII 105—146.

zurück. Der erste dieser war Willem van Zuylen van Nyevelt († 1543), dessen nicht unverdienstliche *Souterliedekens,* Antw. 1540,[1] übersetzt sind nach der Vulgata, deren Text in den meisten Ausgaben mitaufgenommen ist. Die Melodien sind den Psalmweisen von Clemens non papa und Tielman Susato entnommen.

Der zweite Übersetzer war der Gentener Jan Utenhove,[2] der um 1544 seines Glaubens wegen nach den Rheinlanden (Aachen, Bonn, Köln und Strassburg) auswanderte, die Zeit 1549 in der Schweiz (Basel und Genf) und von 1553 bis 1556 in Emden zubrachte, um von da über Wittemberg nach Polen zu reisen, wo er bis 1559 wohnte. Darauf kehrte er nach England zurück, wo er schon zweimal (1548—49, 1549—53) gelebt hatte, und stiftete 1560 mit Anderen eine neue niederländische reformierte Gemeinde in London, wo er 1565 verschied. Ausser einem *Catechismus* (1551) und einer wegen der bizarren Sprache und sonderbaren Orthographie wenig geliebten Übersetzung des Neuen Testaments (1556) — die erste nach dem griechischen Grundtext — verfasste er eine gereimte Psalmübersetzung. Schon 1551 wurden von ihm 10 und später 25 Psalmen in London für die niederländische Gemeinde gedruckt (auch Emden 1557). Neue Psalmen wurden 1558—59 herausgegeben; die erste Ausgabe von 1561 enthält schon 64, zwei andere von demselben Jahre enthalten 100 Psalmen. Vollständig erschien die Übersetzung zuerst nach dem Tode Utenhove's in London 1566.

Um dieselbe Zeit waren (37) *Psalmen Davids liedeken-wijs in dichte ghestelt op de voysen en maten van Clement Marots Psalmen* (Ghendt by Ghileyn Manilius 1565) von dem Maler Lucas de Heere[3] (geb. in Gent 1534, † 29. Aug. 1584), Mitglied der Gentener Rhetorikerkammer *Jesus metter Balsembloeme* und «greffier van de rekeningcamere», der noch zwei Prosaschriften und ein gereimtes Pamphlet *Pasquillus Testament* (1579) herausgab, ein gereimtes Leben der Maler, das niemals gedruckt und jetzt verloren ist, verfasste, und den grösseren Teil seiner Gedichte sammelte in *Den Hof en Boomgaerd der Poësiën* (Ghendt by Ghileyn Manilius 1565, später Haarlem 1614). Dass die französische Poesie Marot's und auch die neuere Ronsard's grossen Einfluss auf ihn geübt hat, beweisen nicht so sehr seine Refereynen (und darunter eins zum Lob der Malerei), wie seine Epigrammen, Sonnette, Epitaphien und Episteln. Marot's *Temple de Cupidon* (1515) wurde u. a. von ihm übersetzt.

Eine vierte gereimte Psalmübersetzung, welche 1566 (in Heidelberg) und später wiederholt gedruckt wurde, war das Werk von Petrus Dathenus[4] (geb. zu Casselberg 1531, † 19. Febr. 1590), der Karmeliter Mönch war, bevor er sich zum Calvinismus bekannte und dafür mit tyrannischer Einseitigkeit eiferte. Diese, von Fremd- und Flickwörtern entstellte, platte Übersetzung der französischen Psalmen von Clement Marot und Theodorus Beza wurde, trotz ihrer grossen Mängel, offiziell in den reformierten Gemeinden eingeführt, wo sie erst 1773 einer besseren weichen musste, nachdem sie während zweier Jahrhunderte vielfach und heftig angefochten war.

[1] Die *Souterliedekens* sind 1540 wenigstens neunmal gedruckt; im Ganzen sind von 1540 bis 1613 33 Ausgaben oder Titelausgaben bekannt: s. D. F. Scheurleer, *Die Souterliedekens. Beitrag zur Geschichte der ältesten niederländischen Umdichtung der Psalmen,* Leiden 1898.

[2] s. F. Pijper, *Jan Utenhove, Zijn Leven en zijne Werken,* Leiden 1883.

[3] Eine ausführliche Biographie von ihm findet man im *Schilderboeck* seines Schülers Karel van Mander.

[4] s. H. ter Haar, *Specimen hist.-theol. Petri-Datheni vitam exhibens.* Traj. ad. Rh. 1858.

Eine fünfte Übersetzung, von Willem van Haecht 1567 herausgegeben, haben wir schon erwähnt (s. § 42).

Es waren diese *Souterliedekens* und *Psalmen*, welche die Verfolgten trösteten in der Bedrängnis, welche von ihnen in dem Kerker, ja bis auf den Scheiterhaufen, gesungen wurden. In einem der Geusenliedekens (VL N. 29) heisst es von den Gebrüdern Gysbert und Dirck van Batenborch, welche 1567 in Brüssel enthauptet wurden: «Bervoets sach men se treden en blootshoofts naer den doot, singende met helder kelen uit David den sesten Psalm: Straft my niet, Heer, in velen». Wie diese beide Edelleute waren auch die meisten Anhänger der Reformation: viel mehr unerschütterliche Dulder als Streiter, nur etwas überspannte Dulder, welche das Leiden um Christus Wille als die höchste Seligkeit betrachteten und eben dadurch den endlichen Triumph der Reformation, wenigstens in den nördlichen Niederlanden, möglich machten.

Ihr Geist offenbart sich vorzüglich in den sogenannten *Schriftuerlijcke Liedekens,*[1] worin in einer der Bibel fast ganz entnommene Sprache zunächst gesungen wurde von der Erhabenheit Gottes und der menschlichen Nichtigkeit, von der Erlösung durch das, von Christus in seinen Auserwählten erregte, Bewusstsein der Sündigkeit, von dem beharrlichen Ringen mit der sündigen Natur und dem endlichen Sieg in diesem gewaltigen Kampf; worin aber auch gesungen wurde von dem Leiden und den Verfolgungen des Volks Gottes in dieser bösen Welt, dem Reiche des Antichrist, von Gefängnis und Opfertod der Gläubigen, von dem Trost, den Gott seinen geliebten Kindern verleiht und von den herrlichen Erwartungen der ewigen Seligkeit, die den Getreuen versprochen ist.

Diese Lieder, welche bisweilen von den zum Scheiterhaufen verurteilten Sacramentisten oder Anabaptisten am Vorabend ihres Todes im Kerker verfasst waren, sind gesammelt in verschiedenen erbaulichen Liederbüchern, nl. 1. in dem reformierten oder sacramentistischen Liederbuch: *Veelderhande Liedekens gemaect wt den ouden ende nieuwen Testamenten, nu derdewerf gecorrigeert ende meer andere daerby ghesct ende op den A. B. C. by den anderen ghevoecht*, 1556 (by Magnus, van den Merberghe) mit einem Anhang: *Een suyverlijck ende schriftuerlijck Boecxken*, etc. (1556);[2] 2. in den *Veelderhande Liedekens* der Anabaptisten 1560 von Nicolaes Biestkens herausgegeben und zwei Jahre später vermehrt mit *Een nieu Liedenboeck . . . ghemaect wt den Ouden en Nieuwen Testamente*;[3] und 3. in *Een Liedtboecxken, tracterende van den Offer des Heeren (aenghaende der slachschaepkens Christi, die de stemme haers Herders J. C. getrouwelijck gehoorsaem zijn gheweest* (1563) hinter der Prosaschrift *Het Offer des Heeren* (1562).[4] Die meisten Lieder darin beklagen die Märtyrer, welche zwischen 1545 und 1561 hingerichtet wurden.

Spätere Liederbücher sind: *Gheestelijcke Liedekens, ghemaeckt ende oock sommighe byeen vergaedert door M.* Joris Wybo, *alias* Sylvanus (Antw. 1582, Dordrecht 1596), der 1530 in Pitthem geboren wurde, Schulmeister in

---

[1] s. F. C. Wieder, *De Schriftuurlijke Liedekens*, 's-Grav. 1900.

[2] Von den beiden früheren Ausgaben sind keine Exemplare bekannt. Mit vielen Änderungen und Erweiterungen sind sie neu gedruckt 1558, 1559? 1563, 1580 und, unter dem Titel *Schriftuerlicke Liedekens*, Leyden 1595, 1598.

[3] Spätere Ausg.: 1566, 1569, 1575, 1577, 1579, 1582, 1583, 1589, vermehrt mit einem zweiten und dritten Teil 1593, 1599, 1600, 1608, 1611, 1624, 1630, 1637, 1664, 1700, 1724, 1752.

[4] Spätere Ausg.: 1566, Emden 1567, 1570, Amst. 1578, 1580, 1590, 1595, Harlingen 1599. s. J. G. de Hoop Scheffer, *Doopsgezinde Bijdragen* 1870, 45—89, J. J. Doedes, *Nieuwe bibliograph.-hist. Ontdekkingen*, Utrecht 1876 63—72, *Studien en Bijdragen* von Moll und De Hoop Scheffer, IV 232—237.

Meenen, Haegpredicant und Prediger in Antwerpen von 1560 bis 1566 war, auswanderte und am 28. Juni 1576 in London verschied, und *Een Geestelijck Liedt-Boecxken, Inholdende schoone sinrijcke christlijcke Nieuwe-Jaren, Claech unde Lof-Sangen ter Eeren Godes, Deur D. J.* und deshalb dem namhaften Propheten und Wiedertäufer David Joris von Delft[1] wohl mit Recht zugeschrieben, obgleich darin doch auch Lieder von Anderen (Jacob Symonsz, Michael Janssen und Anneken N.) mit aufgenommen sind. Die meisten Lieder darin sind zwischen 1529 und 1536 gedichtet und erst später gedruckt.

Eine bekannte Dichterin von dergleichen Liedern war Soetken Gerijts von Rotterdam († in Hoorn 26. Dec. 1572), die wenigstens schon seit 1552 anfieng für Andere Lieder zu verfassen, von welchen 98 nach ihrem Tode gesammelt herausgegeben wurden unter dem Titel: *Een nieu Gheestelijck Liedt-boecxken Wt den Ouden ende Nieuwen Testament ghemaect van een blinde Dochter, genaemt Soetken Gerijts, van Rotterdamme gheboren* (Haerlem by Gillis Rooman 1592, und später: Hoorn 1618, Alkmaar 1619, Hoorn 1632). Eine andere Dichterin war Vrou Gerrits von Medemblik (geb. 1580 † auf Tessel 6. Sept. 1605), deren Lieder in Amsterdam zuerst 1621 gedruckt wurden unter dem Titel: *Een Nieu Gheestelijck Liedt-boecxken uyt den Ouden ende Nieuwen Testamente ghemaeckt van een jonghe Dochter, ghenaemt Vrou Gerrits, van Medemblik geboren.* Schliesslich sind noch zu erwähnen *Veelderhande Schriftuerlijcke Nieuwe Liedekens Door* L(enaert) K(lock), Utrecht 1593 (auch Haerlem 1604, Leeuwarden 1625).

XIV. DER EINFLUSS DES HUMANISMUS.

§ 45. Die Humanisten. Der Humanismus, welcher die Reformation vorbereitete und später mit ihr Hand in Hand fortschritt, verfehlte natürlich auch nicht, nachhaltig auf die niederländische Literatur einzuwirken, wenn auch dieser Einfluss vor dem 17. Jahrh. bloss bei Männern wie Marnix von eingreifender Natur war. Das Studium der klassischen lateinischen Schriftsteller war zwar niemals ganz vernachlässigt, im Mittelalter war es jedoch viel mehr Mittel als Zweck gewesen, und dazu machten es zuerst die Humanisten, wie z. B. in den Niederlanden Wessel Gansfort von Groningen, Rudolf Agricola von Baflo, Alexander Hegius von Deventer, Johannes Murmellius von Roermond und Desiderius Erasmus von Rotterdam. Diese Männer strebten danach, die Schriften der Klassiker so viel als möglich in ihrer ganzen Reinheit kennen zu lernen und lateinisch nachzuahmen, entweder in Prosa oder in Poesie. Namentlich wurden Schriften, wie Erasmus' *Laus Stultitiae* (1508) und *Colloquia* (1522) mustergültig, viel gelesen und viel benutzt. Eine niederländische Übersetzung des *Laus Stultitiae* wurde u. a. 1560 in Embden (by Willem Geillyaert) herausgegeben.

Im Kreise der Humanisten entstand eine neue lateinische Lyrik (ich nenne nur Janus Secundus, geb. 1511 † 1536); in ihren Schulen blühte das lateinische Schuldrama empor, das so grossen Einfluss geübt hat auf die Latinisirung der niederländischen dramatischen Poesie des 17. Jahrhs. und schon in der späteren Dramaturgie der Rhetoriker einige Änderungen hervorrief. Ich nenne darum die hervorragendsten niederländischen Dichter

---

[1] Seine Biographie findet man u. a. in *De Historie van David Joris wt Holland*, Harlingen 1604; eine *Bibliographie* seiner vielen Prosaschriften gab A. van der Linde, 's-Grav. 1867.

von Schuldramen: Cornelius Crocus von Amsterdam († 1550) mit *Joseph*, Guilielmus Gnapheus vom Haag (geb. 1493, † 1568) mit *Acolastus* (Parabel des verlorenen Sohnes, 1529), Jacobus Zovitius von Dreyschor in Zeeland mit *Ruth* (1533), *Didascalus* (1534) und *Ovis perdita* (1539), Georgius Macropedius von Gemert (geb. 1475, † 1558) mit dreizehn Schauspielen, u. a. *Andrisca* (1534), *Asotus* (1537), *Hecastus* (1539), *Lazarus mendicus* (1541), *Josephus* (1544) und *Adamus* (1552), Cornelius Laurimannus von Utrecht (geb. 1520, † 1573) mit *Exodus sive transitus Maris rubri* (1562), *Miles Christianus* (1565), *Thamar* und *Tobias,* Georgius Ratallerus von Leeuwarden (geb. 1528, † 1581) mit lateinischen Übersetzungen von Sophokles' und Euripides' Tragödien, Jacobus Vivarius von Herenthals mit *Redemptio nostra* (1580) und *Petrus Poenitens* (1580), Andreas Hoyus von Brügge mit *Mattheus* und *Machabeus* (1587), Petrus Vladeracus von Herzogenbusch mit *Tobias* (1595), Casparus Casparius mit *Princeps Auriacus* (1598) und Cornelius Schonaeus von Gouda (geb. 1541, † 1611) mit den siebzehn *Comoediae sacrae* seines *Terentius Christianus.*

Die niederländischen Humanisten waren, wie schon diese Schauspiele bezeugen, keineswegs halbe Heidnen, wie viele Förderer der Renaissance in Italien, sogar am päpstlichen Hofe von Leo X, genannt werden dürfen. Meistens waren es fromme Leute, auch Erasmus, ungeachtet seines sprudelnden Witzes und seines fein-satirischen Geistes. Er blieb der alten Mutterkirche treu, welcher die älteren Humanisten sogar eifrig gedient hatten. Mit ihrer Liebe für die heiligen Schriften und ihrem Bestreben auch diese, wie die profanen Schriften der Klassiker, genau in ihrer ursprünglichen Fassung kennen zu lernen, haben sie aber der Reformation wichtige Dienste geleistet.

Erasmus hatte 1516 das Neue Testament, mit päpstlicher Approbation von 1518, aus dem Griechischen lateinisch übersetzt, und schon 1524 wurde (von Cornelis Heynricks tot Delft) eine niederländische Übersetzung von Erasmus' Latein herausgegeben, jedoch war auch schon 1523 (Antw. by Adriaen van Bergen) eine niederländische Übersetzung erschienen von *Das Newe Testament Deutzsch*, das Luther 1522 veröffentlicht hatte. Luthers vollständige Bibelübersetzung war erst 1534 vollendet und ist in der Bugenhagenschen Fassung von 1554 zuerst 1558 (Ausg. von Steven Mierdman, Emden) übersetzt für die Lutherischen Gemeinden in den Niederlanden, und 1560 (Ausg. von Nicolaes Biestkens, Emden) für die Anabaptisten oder Mennoniten. Seit dreissig Jahren hatte man keine andere vollständige niederländische Bibel benutzen können als die zum Teil nach Luther, zum Teil nach der Vulgata bearbeitete Bibel, welche Jacob van Liesveldt 1526 in Antwerpen zuerst herausgab. Eine Übersetzung, nur nach der Vulgata, folgte 1528 (Antw. bi Willem Vorsterman). Die erste, nach dem Grundtext bearbeitete Übersetzung des Neuen Testaments war die schon erwähnte (s. § 44) von Jan Utenhove (1556), welche bald verdrängt wurde durch die von Gotfried van Winghen besorgte, vollständig aus dem Grundtext übersetzte, sogenannte *Bijbel van Deux-Aes* (zuerst gedruckt Embden bi G. van der Erven, 1562), welche diesen Namen erhielt von einer aus Luther's Bibel herübergenommenen Randbemerkung zu Nehemia III 5, und, wiederholt gedruckt, bis 1637 in den Gemeinden der Reformierten gebraucht wurde.[1]

[1] I. le Long, *Boek-zaal der nederduytsche Bybels,* Amst. 1732 und H. van Druten, *Geschiedenis der Ned. Bijbelvertaling* II Rott. 1897.

§ 46. Übersetzer und Nachahmer der Klassiker. Neben den gelehrten Humanisten kamen auch Männer empor, welche es versuchten treuere Übersetzungen der klassischen Schriften zu verfassen, als man im Mittelalter besass. Freilich erstrebte man im 16. Jahrh. noch bei weitem nicht die fast peinliche Genauigkeit, welche wir heutzutage fordern. Folglich befriedigen, ungeachtet des grossen Fortschritts, uns doch die ziemlich reinen Übersetzungen nicht mehr, welche Cornelis van Ghistele, Mitglied der Antwerpener Kammer *De Goudbloem,* verfasste von Virgils *Aeneis* [Antw. 1554—56][1] «retorijckelyck overgeset, plaisant ende weerdich om lesen», von Terenz *Comoedien* [Antw. 1555, neu 1596], von Ovids *Heroides* [Antw. 1553][2] mit den Antworten des Sabinus [Antw. 1559], von Ovids *Ars amandi* [Antw. 1581] und Horaz *Satiren* [Antw. 1569 und Leiden 1599]. Der Übersetzer hat sein Original offenbar nicht immer recht verstanden, bisweilen, wenn er es that, absichtlich gekürzt, oder nur oberflächlich, sogar platt und grob wiedergegeben. Namentlich blieb er weit zurück hinter dem geistreichen Ovid mit seinem feinen, eleganten Stil. Es war ein erster Versuch, und es bedürfte eines anderen Ovids, um die ovidianischen Verse zu übersetzen.

In ebenderselben Zeit schenkte uns Johannes Floreanus, gelehrter Prediger in Brüssel, geboren 1522 oder 1523 und im Jahre 1585 nach der Besetzung Brüssels durch die Spanier gefangen und als Ketzer ertränkt, eine nicht viel bessere Übersetzung von Ovids *Metamorphoses* [Antw. 1552][3] während der Gentener Guilliaume Borluut [geb. 1535 † 1580] *Excellente Figueren* aus Ovids *Metamorphoses* 1557 veröffentlichte in Lyon, wohin er in demselben Jahre ausgewandert war.

Der erste, der eine Tragödie von Seneca übersetzte, war der Edelmann Jacob Duym[4] (geb. in Löwen 1547), der, nachdem er in seiner Geburtsstadt studiert und öffentliche Ämter bekleidet hatte, sich der Sache des Aufstandes widmete, Hauptmann im Heere Wilhelms von Oranien, aber 1584 Kriegsgefangener wurde und 1585 nur als Invalide losgekauft werden konnte. Dann liess er sich in Leiden nieder, wurde daselbst 1591 Kaiser der Rhetorikerkammer *De Orangielelie,* kehrte aber 1608 nach Brabant zurück, wo er (wenigstens seit 1612) auf seinen Gütern lebte und vor 1624 verschied. Als Geschichtsschreiber machte er sich bekannt, indem er mit Petrus Scriverius (unter dem Namen Saxo Grammaticus) *Oudt-Batavien* herausgab (Leyden by Andries Clouck 1606), das bis S. 49 das Werk Scriverius' ist und von da bis S. 329 das seinige, nl. die Geschichte von 863 bis 1605. Ein Teil davon, das die Geschichte des Aufstands bis zum Bestand erzählt, wurde später von ihm mit einigen Erweiterungen herausgegeben unter dem Titel: *Corte historische beschryvinge der Nederlandscher Oorlogen* (Arnhem 1612).

Mit seinem Schauspiel *Den Spieghel des Hoochmoets* gab er die erste Übersetzung einer Tragödie von Seneca, nl. der *Troades.* Diese Übersetzung gab er heraus in seinem *Spieghelboeck* (Leyden by Jan Bouwensz 1600) mit noch fünf anderen, zum Teil allegorischen *Spieghels,* nl. *der Eerbaerheyt* (eine Dramatisirung der Novelle von Eduard von England aus den *Histoires tragiques* von Bandello-Belleforest), *der Liefde* (die Geschichte von Miltiades

[1] Neu gedruckt 1583, 1589, 1609.
[2] Neu gedruckt 1554, 1555, 1559, 1564, 1570, 1589, 1607, 1615.
[3] Neu gedruckt 1588, 1595 und im 17. Jahrh. noch sechsmal.
[4] s. J. A. Worp, *De invloed van Seneca's treurspelen op ons tooneel,* Amst. 1892, 66—89; K. Poll, *Over de Tooneelspelen van den Leidschen Rederijker Jacob Duym,* Gron. 1898; Edw. van Even *Verslagen en Mededeel. der Kon. Vlaamsche Academie* 1901, 515—537.

und Cimon nach Valerius Maximus V, 4), *der Rechtvoordering* (die Geschichte von Saleucus nach Valerius Maximus VI 5), *der Getrouwicheyt* (die Geschichte der Weiber von Weinsberg) und *der Reynicheyt* (die Geschichte von Aristoclides nach Hieronymus). Später gab er noch *Een Ghedenkboeck* (Leyden by Henrick Lodewijcxzoon van Haestens, 1606) heraus, das sechs nationale Schauspiele enthält, nl. das allegorische Spiel *Een Nassausche Perseus* (nl. der Prinz Wilhelm von Oranien), *Het moordadich stuck van Balthasar Gerards* (Übersetzung der lateinischen Tragödie *Auriacus sive libertas saucia*, 1602 von Daniel Heinsius verfasst), *Benoude Belegeringhe der stad Leyden in 1574*, *Belegheringhe der Stad Antwerpen in 1584—85*, *Het innemen des Casteels van Breda in 1590* und *Een bewys dat beter is eenen goeden Crijgh dan eenen gheveynsden Peys.* Mit diesen Schauspielen war Duym wohl der erste, welcher die niederländische Geschichte auf die Bühne führte.

Zu Duym's Freunden in Leiden gehörten u. a. der Herr von Noordwijk, Jan van der Does oder Janus Dousa (geb. 6. Dec. 1545 † 8. Oct. 1604), der tapfere Kommandant der Kriegsleute, welche 1574 Leiden verteidigten, der gelehrte und geschmackvolle lateinische Dichter und erste Curator der Leidener Universität, und Jan van Hout (geb. 14. Dec. 1543 † 12. Dec. 1609), Sekretär der Stadt Leiden von 1564 bis zu seinem Tod, also während eines Zeitraums von 35 Jahren, nur unterbrochen durch die Zeit seiner Auswanderung nach Emden, 1569 bis 1573. Beide klassisch gebildete Männer haben auch niederländische Verse geschrieben, dieselben aber niemals gesammelt herausgegeben. Von Van der Does kennen wir u. a. ein Gedicht an seinen jüngeren Freund Daniel Heinsius, von Van Hout viele Gedichte, aufgenommen in die *Beschryvinge der stad Leyden* (1614) von seinem Neffen Jan Orlers. Auch richtete er u. a. reimlose Verse an Prinz Moritz als dieser nach der Eroberung von Groningen (1594) seinen Triumphzug hielt und in Leeuwarden, Amsterdam, Alkmaar, Haarlem und Leiden mit allerlei Feierlichkeiten, und darunter auch Festspielen der Rhetoriker, begrüsst wurde.[1] Von diesen beiden Dichtern kann nicht mehr gesagt werden, dass sie zu den eigentlichen Rhetorikern gehörten: sie haben sogar über die, nach ihrer Meinung, seellose Reimerei der Rhetoriker sich herabsetzend genug ausgesprochen und dieselben scharf tadelnd angegriffen: ihre Muster waren, neben den klassischen Dichtern selbst, vielmehr die Italiener, wie Petrarca, und die neueren Franzosen: Ronsard und seine Pleiade.

§ 47. Jan van der Noot. Einen flämischen Ronsard sahen einige überspannte Bewunderer in dem eitlen, selbstgefälligen, ehrgeizigen Junker Jan van der Noot,[2] um 1540 zu Brecht bei Antwerpen geboren, der sich «Patricius van Antwerpen» nannte, indem er meinte, er stammte von den römischen Patriciern ab, und der seinen Werken ein lorbeergekröntes Bild von sich selbst beifügte mit dem Epitheton «Poeta laureatus» auf dem Titel, ohne dass wir wissen, wo und wann er den Lorbeerkranz erhielt. Schon 1562 wurde er Schöppe von Antwerpen; als er aber 1567 bei einem dreitägigen Geusenaufruhr vergebens versucht hatte, in Antwerpen die erste Stelle einzunehmen, war er genöthigt, nach England

[1] s. Jan te Winkel, *De inneming van Groningen rhetorijkelijk verheerlijkt* in *Gedenkboek der Reductie van Groningen in 1594*, Gron. 1894, 237—264.

[2] s. Aug. Vermeylen, *Leven en Werken van Jonker Jan van der Noot*, Antw. 1899. Anthologien seiner Werke wurden hrsg. von K. Stallaert, Gent 1857 und A. Verwey, Amst. 1895.

auszuwandern. Elf Jahre brachte er in England, den Rheinlanden, Italien und Frankreich zu. In Paris wurde er persönlich mit Dorat und Ronsard bekannt. Nach Antwerpen zurückgekehrt, diente er anfangs der protestantischen Regierung, fand sich aber, da er seine Güter verloren hatte, veranlasst, Brodschreiber zu werden, was wenig in Übereinstimmung war mit der grossen Meinung, die er von den Musen hegte. Dieses veranlasste ihn gewiss auch, sich 1585 dem spanischen König zu unterwerfen, dessen Landvögte er in seinen Gedichten durch niedrige Schmeichelei zu gewinnen suchte. Im Jahre 1595 wird er gestorben sein.

Die erste Sammlung seiner Gedichte, *Het Bosken, inhoudende verscheyden Poetixe wercken,* ist vielleicht 1565 abgefasst und 1567 gedruckt. Mit dem Titel folgte er *Le Bocage royal* von Ronsard, mit einigen seiner Gedichte, namentlich mit seinen Epigrammen und Psalmen, aber noch mehr Clement Marot und sogar Dathenus, mit dessen Federn er prunkte. Sein zweites Werk, *Het Theatre oft Tooneel*[1] (1568), mit vielen Kupferstichen herausgegeben, enthält Sonnette nach dem Französischen von Du Bellay und nach dem Italienischen von Petrarca, oder viel eher nach der französischen Übersetzung dieser Sonnette von Marot. Eine allegorisch-epische Dichtung wurde 1573 vollständig nur in deutscher Übersetzung herausgegeben unter dem Titel *Das Buch Extasis*: niederländisch gab Van der Noot davon nur einen Auszug in *Cort Begrijp der XII Boecken Olympiados* (Antw. 1579). Den Inhalt bildet eine allegorische Reise des Dichters durch eine Welt von Versuchungen hin (Hedone, Plutus, Chrysea, Argyrea, Euclia, Kosmika, Ptochia, wie er seine Verführer und Verführerinnen nennt) nach Arete, dem Reiche der Tugend, und Helicon, dem Reiche der Poesie, mit der ewigen Seligkeit als Endzweck (Thelosie). Diese gewinnt der Dichter zuletzt, als er seine Hochzeit feiert mit Olympia, der idealen Geliebten, welche während der Reise auch bisweilen seine Führerin war. Ein *Lofsang van Braband* (Antw. 1580) folgte. Van der Noot's übrige Werke sind stückweise gedruckt und die einzelnen Cahiers von 1580 bis 1595 mehrmals gesammelt unter den Titeln *Verscheyden Poeticsche Werken* und *De Poeticsche Werken.*

Sprachgewandtheit und Liebe zum Wohlklang sind diesem, in der niederländischen Dichterwelt seiner Zeit sehr eigentümlichen, Poeten nicht abzusprechen. Kunstbegeisterung und Bewunderung der grossen Dichter, namentlich des Horaz, Petrarca und Ronsard, welchen Van der Noot sich ebenbürtig glaubte, und Klagen über die zu geringe Anerkennung, welche er fand, herrschen in seinen Werken vor. Bisweilen sind wir geneigt zu meinen, dass Van der Noot wirklich hohen Idealen nachstrebte, entzückt von der Kunstbegeisterung der Ronsardschen Schule, bald aber bemerken wir, dass sein höchstes Ideal war, für einen ausserordentlich grossen Dichter gehalten zu werden, der das, auch metrisch, noch nie Dagewesene zu schaffen versucht hatte. Sein Leben zeigt am besten, wie niedrig seine wahre Gesinnung war. Seine kostspielig ausstaffierten Dichtwerke erscheinen bei genauerer Prüfung als Flittergold statt echter Poesie. Dass der von seinen Bewunderern einmal so hochgepriesene Dichter schon bei seinem Leben in Vergessenheit geriet, nimmt uns also nicht Wunder.

§ 48. Jan Baptista Houwaert. Unter den Freunden Van der Noot's finden wir nicht nur den Maler Lucas de Heere (s. § 44), sondern auch

[1] Eine französische Ausgabe erschien Londres 1568, eine englische Übersetzung liess Van der Noot 1569 (London by Henry Bynneman) herausgegeben, eine Übersetzung «in Oberlendisch teutsch durch Balthasarn Froe Rechenmeistern zu Cöln» 1572.

den Edelmann Jan Baptista Houwaert[1] (geb. 1533 † 1599), der, wiewohl er nicht so ganz der Schule Ronsards hingegeben war, wie sein Freund und in mancher Hinsicht der Rhetorikerdichtung noch nicht entwachsen war, doch in vielen Stücken mit Van der Noot zu vergleichen ist. Ohne dem Katholicismus den Rücken zu wenden, schloss er sich 1568 dem Aufstand an. In Brüssel brachte er demzufolge einige Zeit in dem Gefängnis zu. Nach seiner Befreiung blieb er anfangs noch der nationalen Sache treu, gewann die Freundschaft von Männern wie Wilhelm von Oranien und Marnix und wurde «Conseiller ende Meester ordinaris van de Rekeninghen des Hertochdoms van Brabant». Als Parma in den südlichen Niederlanden Herr und Meister geworden war, wählte er aber ein ruhiges Leben in seinem Lusthaus «cleyn Venegien» in der Nähe von Brüssel und kehrte zum Gehorsam gegen den König zurück. Sogar feierte er[2] Parma und dessen Nachfolger, Ernst und Albertus von Österreich. Unter seinen Zeitgenossen erwarb er sich mit seinen Dichtungen den Namen «brabantischer Homer» und sein Ruhm hat ihn noch viele Jahre überlebt, denn noch im Jahre 1616 wurde nach seiner Wohnung eine Wallfahrt gemacht von seinem Bewunderer Willem Gortter (geb. 1585), Mitglied der Mechelener Rhetorikerkammer *De Peoene*.[3]

Houwaert's Hauptarbeit ist *Pegasides Pleyn ende den Lusthof der Maeghden: begrepen in Sesthien amoreuse Poëtelijcke stichtende Boecken* (Antw. by Christoffel Plantijn 1583; auch Leyden 1608, 1611, Delft 1615, 1622), eine grossartige aber langweilige Dichtung von ca. 58000 vv., verfasst in einer Zeit, wo, wie er selbst sagt, den göttlichen Poeten kaum einige Frist gelassen wurde und sie jedesmal genötigt waren, statt Feder und Bücher Pferd und Schwert zu gebrauchen. In seiner grossen Dichtung hat er von Mädchen und Jungfrauen, verheirateten und verwitweten Frauen alles gesagt, was nur mit Möglichkeit von diesen gesagt werden konnte, in allegorischer oder erzählender Weise, mit mythologischen Verzierungen oder Beispielen aus dem Alltagsleben; mit einer staunenerregenden Gelehrsamkeit und Kenntnis der klassischen Literatur, jedoch ohne wahre poetische Begeisterung.

Seine übrigen Werke sind: *Milenus Clachte, waerinne de groote tirannye der Romeynen verhaelt ende den handel van desen tegenwoordighen tyt claerlijck ontdect wordt* (Antw. by Willem Silvius 1578, und Dordrecht 1598), eine politische Deutung der Fabel vom Bauer an der Donau aus dem *Relox de principes o Marco Aurelio* (1529) III 3 vom Spanier Antonio de Guevara;[4] *Oratie der Ambassadeuren van .... Prince Matthias .... verhaelt in den Rijckx-dach ghehouden tot Wormes,* u. s. w. (Antw. by Chr. Plantijn 1578), eine gereimte Übersetzung in Strophenform von der «Oraison des ambassadeurs récitée en la Diette tenue à Worms par Phil. de Marnix»; *Sommare beschrijvinghe van de triumphelijcke Incomst van .... Matthias binnen .... Brussele*

[1] s. K. Ruelens, *Bibliophile Belge* III (1868) 23—37, K. Stallaert, *Jan Baptista Houwaert beschouwd als Dichter en als Staatsburger.* Gent 1885 und A. de Jager, *De vrouw bezongen door Joan Baptist Houwaert* in *Tijdspiegel* 1877, 229—239.

[2] Eine Prachthandschrift mit Gedichten, 1585 an Parma gerichtet, findet sich jetzt im Britischen Museum, s. F. van Veerdeghem, *Nederlandsch Museum* L (1894), 5—37.

[3] s. J. F. Willems, *Belg. Museum* I 370—378.

[4] Von Guevara's Werk erschien eine vollständige Übersetzung: *'t Gulden Boeck van het Leven ende Zeyndbrieven van den welsprekenden Orateur ende Keyser Marcus Aurelius* (1563 Antw. by Ameet Tavernier, auch Antw. 1586, Amst. 1589, Rott. 1625, Amst. 1640) von Cornelis van Beresteyn, der auch Guevara's *Epistolas familiares* (1539—45) übersetzte unter dem Titel: *Vrundtlicke ghemeene Sendtbrieven* (die erste Ausg. ist mir unbekannt, später ist die Übersetzung hrsg. Utrecht 1595 's-Grav. 1600, Amst. 1632).

1578 (Antw. by Chr. Plantijn 1579); *Declaratie van die triumphante Incomst van den .... Prince van Oraingnien binnen .... Brussele 1578* (Antw. by Chr. Plantijn 1579); *Die Clachte ende troost van Belgica* (Brüssel by Jan van Brecht 1583), eine gereimte Anweisung, wie die beklagenswerten sozialen und politischen Zustände zu bessern wären; *Die Remedie der Liefde* (Brüssel by Jan van Brecht 1583), eine Übersetzung von Ovid's *Remedium Amoris*, vermehrt mit anderen Gedichten desselben Stoffes; *Den Handel der Amoreusheyt begrepen in dry Boecken inhoudende dry excellente .... Poetische Spelen van sinnen van Jupiter en Yo, met dry behaeghelijcke ende belachelijcke Dialogen* (Brüssel by Jan van Brecht 1583); *De Vier Wterste* (Antw. by Chr. Plantijn 1583; auch 's-Grav. 1598, 1605, 1613, Leeuw. 1614, Amst. 1616), eine erbauliche Moralisation; *Den Willecomme en Congratulatie van den ... Vorst Ernesto* (Brüssel by Jan Mommaert 1593) und *Houwaerts Moralisatie op de coemst van den .... Vorst Ernesto* (Brüssel by Jan Mommaert 1593). Für Albertus von Österreich verfasste Houwaert zwei zusammengehörige Festspiele: *Een Tragedie van der Orloghen* und *Die Comedie van den Peys*, nebst einem *Dialog: Virtutem dilige*, welche nur handschriftlich bewahrt sind im Limburgschen Hasselt, wo die Rhetorikerkammer *De Roode Roos* sie wahrscheinlich noch im 17. Jahrh. mit einigen Änderungen gespielt hat.[1] Nach Houwaerts Tod erschienen noch *Den Generalen Loop der Werelt* (Amst. by Barent Otsz. 1612) und *Paraenesis Politica Houwardi, J. B. Houwarts Politijcke Onderwijsinghe* (Leeuw. 1614), eine gereimte Bearbeitung von Cicero's *De officiis*.

Etwas später (1621) gab Jan van Waesberghe in Rotterdam unter einem trügerischen Titel heraus: *Den Handel der Amoureusheyt, inhoudende vier poetische Spelen:* 1 *Van Aeneas ende Dido,* 2 *Narcissus ende Echo,* 3 *Mars ende Venus,* 4 *Leander ende Hero. Poetelijck geinventeert ende Rethorijckelijck gecomponeert door Heer ende Meester Johan Baptista Houwaert.* Diese Sammlung ist keineswegs ein Neudruck von Houwaert's *Handel der Amoreusheyt,* sondern eine absichtliche Täuschung des Publikums, das Houwaert hoch verehrte und also verführt wurde, unter seinem Namen Schauspiele von anderen Dichtern zu kaufen.[2] Das Spiel *Van Eneas ende Dido* (zum Teil wörtlich aus Virgil's *Aeneis* übersetzt)[3] wurde 1552 verfasst vom Antwerpener Faktor der Kammer *De Goudbloem,* Jacob de Mol, der auch im Wettkampfe zu Brüssel 1562 mitkämpfte, und ist handschriftlich bewahrt geblieben, wie auch das Spiel *Van Narcissus ende Echo* (mit zwei komischen Zwischenspielen), vor 1552 verfasst von Colijn Keyart oder «den amoroesen Colijn» (wahrscheinlich derselbe wie Colijn van Rijssele s. § 31). Auch das dritte Spiel ist in einer Handschrift von 1551 bewahrt unter dem Titel: *Hue Mars en Venus tsaemen boeleerden, fecit* Smeeken, wohl derselbe wie der schon früher (§ 28) erwähnte Dichter aus dem Anfang des 16. Jahrhs. Nur von dem vierten Spiel *Leander en Hero* ist noch nicht nachgewiesen, dass es nicht von Houwaert verfasst sei.

Diese Spiele waren alle der klassischen Welt entnommen. Das war auch der Fall mit einem Antwerpener Spiel von *Charon den helschen*

[1] s. F. van Veerdeghem, *Bull. de l'Acad. royale de Belgique,* 3 Ser. XXVI (Bruxelles 1893), 344—365.

[2] Die wahre Lage der Sachen ist entdeckt von F. van Veerdeghem *Tijdschrift* XII 202—205. Frühere Versehen veranlassten einige Gelehrten zu glauben, dass der berühmte Houwaert selbst der Plagiarius wäre, und ihn selbst verantwortlich zu machen für dasjenige was ein Verleger zweiundzwanzig Jahre nach seinem Tode that, s. L. G. Visscher, *Beknopte Geschiedenis der Ned. Letterkunde* II (Utrecht 1851) S. 166, G. Kalff, *Tijdschrift* VIII 231—235 und W. de Vreese, *Tijdschrift* XII 206—222.

[3] s. J. A. Worp, *Tijdschrift* XX 27—29.

Schippere, von einem unbekannten 1551 verfasst nach einem Dialog von Lucianus,[1] und mit den Gentener *May-Spel Amoreus, daer Pluto Proserpina ontscaect*,[2] das 1519 in Dendermonde, 1534 in Tolen und 1551 in Aalst gespielt wurde.

§ 49. Die Emblematadichter. Die Renaissance war auch die Mutter der *Emblemata* oder *Sinnebeelden*,[3] allegorischen Kupferstichen mit passenden Beischriften in Prosa und Poesie, welche so innig zusammengehören, dass man nicht sagen kann, ob die Beischriften die Kupferstiche erläutern, oder umgekehrt die Beischriften von den Kupferstichen illustriert werden. An die Stelle der mittelalterlichen Symbolik, die jetzt ausgelebt hatte, trat damit eine allegorische Mythologie, vermittelnd zwischen Mittelalter und Renaissance. Dass es nicht nur die äusserlichen Zierden des Altertums sind, wodurch die klassischen Dichter Anspruch darauf machen konnten, Muster und Vorbild für die Neueren zu sein, sondern dass diese zunächst durch ihre kluge Beschränkung und ihre Liebe zum Schönen in der realen Welt ihre gewaltige Wirkung thun, dieses sahen, wenigstens unter den Niederländern, zuerst die grossen Dichter des 17. Jahrhs. ein.

Zu den ersten emblematischen Büchern wird bisweilen auch Sebastian Brant's *Narrenschyff* (1494) gerechnet, wovon 1548 zuerst eine Übersetzung: *Der Sotten Schip oft dat Narren Schip* erschien (neugedruckt 1584, 1610, 1635), die ersten eigentlichen Emblemata aber, welche für alle folgenden Muster und Vorbild wurden, sind verfasst von Andrea Alceati (1531, erste vollständige Ausgabe 1551). In den meisten Sprachen Europas sind sie übersetzt, eine niederländische Übersetzung aber ist nicht bekannt. Die ersten niederländischen Emblemata finden wir in *Tpalays der gheleerder ingienen oft der constiger gheesten* (Antw. by de Wed. van Jacob van Liesveldt, 1554, auch 1556 und 1564) von Frans Fraet, einer Übersetzung von *Le Theatre des bons engins* (1539) von Guillaume la Perrière. Willem Silvius, der bekannte Antwerpener Buchdrucker, war wohl selbst der Übersetzer von Claude Paradin's *Devises héroiques* (1557), später erweitert von Gabriel Symeon, welche er niederländisch herausgab unter dem Titel *Princelijcke Devijsen ofte Wapenen van M. Claude Paradyn . . . ende van den Heere Gabriel Simeon* (Antw. 1563, Leyden 1615). Marcus Antonius Gillis übersetzte nicht nur die *Emblemata J. Sambuci* (Antw. by Chr. Plantyn 1566), sondern auch die *Emblemata Adriani Junii* (Antw. by Chr. Plantin 1567 und 1575). Die Bilder der ersten Sammlung waren von Lucas de Heere gezeichnet, von Pieter Unys gestochen. Sehr bekannt wurde *De Cleyn Werelt* (Antw. by Ger. de Jode 1584 und Amst. by Dirck Pietersz. 1608) von Jan Moerman oder Jan van den Kiele[4] (s. § 31) übersetzt aus dem lateinischen *Mikrokosmos — Parvus mundus* (1579) von Laurens van Haecht (Haechtanus).[5] Diesen Emblemata folgte Coornhert's *Recht Ghebruyck ende Misbruyck von tydlycke Have* (Leyden by Chr. Plantyn 1585, Amst. 1610, 1620) (s. § 51), nach dem lateinischen *De rerum usu et abusu* (1575) von Bernardus Furmerus aus Leeuwarden.

Zu den Emblemata gehören auch die mit Kupferstichen geschmückten Fabelsammlungen. Ausser der, Jan van Hout gewidmeten, schon 1568

[1] Nach einer Gentener Handschrift hrsg. von W. de Vreese, *Nederlandsche Dicht- en Kunsthalle* 1895, 261—313.

[2] s. Willem Kops, *Schets eener Geschiedenis der Rederijkeren* 236—240.

[3] s. A. G. C. de Vries, *De Nederlandsche Emblemata, Geschiedenis en Bibliographie tot de 18 eeuw*, Amst. 1899.

[4] s. C. P. Serrure, *Vaderl. Museum* IV 201—212.

[5] Vondel hat diese *Emblemata* 1613 neu bearbeitet in seinem *Gulden Winckel der Konstlievende Nederlanders*.

verfassten Übersetzung der *Centum Fabulae ex antiquis auctoribus delectae* (1565) von Gabriel Faërnus: *Hondert Fabulen van Aesopus* (Leyden by Chr. Guyot 1598), haben wir in dieser Gattung vorzüglich *De warachtighe Fabulen der Dieren* (Brugge by Pieter de Clerck, 1567) mit Kupferstichen von Marcus Gheraerts und Versen von Edewaerd de Dene, der dieselben mit nur wenigen Ausnahmen bearbeitet hat nach *Les fables du très ancien Esope phrigien . . . mises en rithme Françoise par Gillis Corrozet* (Paris 1542) und *Trois centsz soixante et six Apologues d'Esope par maistre Guillaume Haudent* (Rouen 1547).[1] Edewaerd de Dene[2] von Brügge (geb. um 1505) wurde 1532 oder 1533 aufgenommen in die Bruderschaft von St. Ivo oder der «Klerken», als er «Clerc ter vierscare», d. h. Griffier bei der Schöppenbank in Brügge geworden war. Dieses Amt bekleidete er noch 1576, nicht mehr aber 1579. Binnen dieser Zeit wird er also gestorben sein. Dass er ein fleissiger und würdiger Griffier war, kann nicht behauptet werden: Vater einer Familie von wenigstens sieben Kindern, lebte er dennoch als ein lustiger Zecher, der bisweilen angemahnt werden musste, besser sein Amt wahrzunehmen und seine Schulden zu bezahlen. Dieser Schulden wegen wurde 1558 sein Haus gerichtlich verkauft. Nachher aber scheint er regelmässiger gelebt zu haben und auf das Heil seiner Seele bedacht geworden zu sein. Das erhellt u. a. auch aus seiner handschriftlich bewahrt gebliebenen, ausführlichen und weitschweifigen Dichtung *Testament Rhetoricael,* von ihm 24. Dec. 1561 vollendet, die wichtige Beiträge zur Kenntnis des gesellschaftlichen Lebens liefert und von ihm mit einem *langen adieu* beschlossen wurde.[3] Fleissiger als in seinem Amt diente er seinen Mitbürgern als Faktor der Rhetorikerkammer *De drie Santinnen;* von 1566 bis 1571 verfasste er neue «Spelen van sinne» und «Spectaclen verthoogt up den heleghen Bloetdach» und 1570 veranstaltete er einen Wettkampf in Brügge.[4]

Von den obengenannten Emblematadichtern hat keiner etwas anderes als Übersetzungen aus dem Lateinischen oder Französischen geliefert: der erste, welcher, vielleicht noch im 16. Jahrh. (die erste datierte Ausgabe aber ist von 1608), ursprüngliche niederländische Emblemata schrieb, war der berühmte Leidener Philolog Daniel Heinsius (geb. in Gent 30. Mai 1580, † in Leiden 25. Febr. 1655). Dieser aber gehört im Ganzen nicht mehr der Zeit an, welche wir behandeln, und ebensowenig die vielen Dichter, welche im 17. Jahrh. ursprüngliche *Sinnebeelden* herausgaben, wie Pieter Cornelisz Hooft (1611), Roemer Visscher (1614), Dirck Pietersz Pers (1614), Jacob Cats (1618), Joan de Brune (1624), Zacharias Heyns (1625), Jacob van Zevecote (1626), Bartholomeus Hulsius (1631), Jan Harmensz Krul (1634), Adrianus Hofferus (1635), Joh.

[1] s. L. Scharpé, *Leuvensche Bijdragen* IV (1900), 5—63: zweimal sind *De warachtighe Fabulen der Dieren* von De Dene wieder französisch übersetzt: 1. von Estienne Perret, *XXV Fables des Animaux* (Delf 1618), und 2. von Verschiedenen *Esbatement moral des Animaux* (Anvers chez Philippe Galle 1578), in etwas anderer Fassung auch gedruckt unter dem Titel *Le Théatre des Animaux* (Paris 1620). Die erste Übersetzung wurde wieder niederländisch übersetzt von Adriaen van de Venne, *Woudt van wonderlicke Sinne-Fabulen der Dieren* (Delf 1617 und Rott. 1633), die zweite von Anthoni Smyters, *Esopus Fabelen* (Rott. 1612) und von Joost van Vondel, *Vorsteliicke Warande der Dieren* (Amst. 1617).

[2] s. L. Scharpé, *Eduwaerd de Dene* in *Ned. Museum* 1894 und *Un Villon Flamand* in *Compte rendu du 3me Congrès scientifique international des Catholiques, tenu à Bruxelles 1894,* Bruxelles 1895.

[3] Dieses *Adieu* ist gedruckt von Jules de Saint-Genois, *Messager des Sciences et des Arts de la Belgique* VI 19 ff.; vgl. J. F. Willems, *Belg. Museum* III 99—104 und Ph. Blommaert, *Belg. Museum* II 188—190.

[4] s. P. van Duyse, *Belg. Museum* IX 453—455.

Barbonius (1641), C. P. Biëns (1642), Jan van der Veen (1642), Willem van der Borcht (1642), Adriaen Poirters (1645) u. s. w.

§ 50. Karel van Mander. Diese Emblematadichter des 17. Jahrhs., insoweit sie selbst nicht in der Lage waren, in der Urquelle der klassischen Literatur zu schöpfen, und vorzüglich die nicht klassisch gebildeten Kupferstecher besassen einen wahren Schatz in den merkwürdigen, zu ihrem Nutzen herausgegebenen Buch *Uutleggingh op den Metamorphosis Pub. Ovidii Nasonis* (Haerlem 1604)[1] verfasst von dem gelehrten Maler Karel van Mander,[2] 1548 zu Muelebeke [in Flandern] geboren, der zuerst die lateinische Schule in Thielt besuchte, nachher aber durch Liebe zur Kunst angetrieben unter Lucas de Heere und Peter Vlerick, später [1574—1577] in Italien die Malerei trieb und, nachdem er in sein Vaterland zurückgekehrt war, sich verheiratet und zuerst in Kortrijk, später in Brügge gelebt und gemalt hatte, des Krieges wegen genötigt war, 1583 nach Haarlem zu entfliehen. Da stiftete er mit Cornelis Cornelisz und Henrick Goltzius eine Kunstakademie, zählte unter seinen Schülern auch Frans Hals und arbeitete da bis 1603, wonach er ein Jahr im Lusthause Sevenberghe, zwischen Haarlem und Alkmaar, zubrachte. Seit 1604 wohnte er in Amsterdam, wo er 11. Sept. 1606 verschied.

Als eifernder Protestant und erbaulicher Dichter verfasste er einige biblische Trauerspiele, u. a. ein *Spel van Dina,* von der Haarlemer Kammer *De Witte Angieren* gespielt, eine Paraphrase von *Dat hooghe Liedt Salomo* [Haerlem 1595, 1598, 1601], eine Sammlung von 52 Liedern, welche aber nicht alle von ihm (zum Teil u. A. von M. de Brauwer) verfasst sind, *Olijfbergh ofte Poema van den laetsten Dagh* [Haerlem 1609], *Bethlehem d. i. Broothuys inhoudende den Kersnacht en de Klaeglieden Jeremiae* [J? Neudruck Haerlem 1627] und vorzüglich seine Lieder in *Schriftuerlijcke Liedekens* [Leyden 1595] und in anderen Liedersammlungen, später vermehrt herausgegeben unter dem Titel *De [Gulden] Harpe oft des herten Snarenspel* [Haerlem 1597],[3] in welcher viele wohlklingende, bisweilen im echten Psalmton gesungene Lieder sich finden.

Als gelehrter Maler schrieb er ein wenig dichterisches aber wichtiges Lehrgedicht, *De Grondt der Schilderconst,* gedruckt als Einleitung zu seinem berühmten *Schilderboeck* oder *Het Leven der oude antycke, italiaensche, nederlandtsche en hoogduytsche Schilders* [Haerlem 1604],[4] das noch immer die Hauptquelle für die Geschichte der flämischen und holländischen Malerschule zwischen 1366 und 1604 ist.

Als Humanist übersetzte Van Mander Virgil's *Bucolica en Georgica* [Haerlem 1597] und *De eerste 12 Boecken van de Ilyados wt Griecks in Franschen Dicht vertaeld door Mr. Huges Salel, Abt van Sint Cheron, ende nu uyt Francoyschen in Nederduydschen Dicht vertaeld,* nach Van Mander's Tod [Haerlem 1611] herausgegeben von seinem Freunde Jacob van der Schuere. Von Van Mander's verhältnismässig kleineren Dichtungen erwähne ich nur den *Strijdt tegen Onverstandt,* eine Übersetzung von De Bellay's *Combat des Muses contre l'ignorance,* um zu betonen, dass auch

---

[1] Noch Amst. 1616, 1643, 1645, 1658, 1662. Eine hochdeutsche Bearbeitung dieses Werks gab Joachim Sandrart, Nürnberg 1679.

[2] s. Seine ausführliche, vermutlich vom Maler und Lustspieldichter G. Az. Bredero verfasste, Biographie hinter Van Manders *Schilderboeck,* Amst. 1618, und vgl Pr. van Duyse, *Belg. Museum* VI 5—45, L. Plettinck, *Studien over K. van Mander,* 2. Aufl. Gent 1887.

[3] Vermehrter Neudruck, Haerlem 1607, und noch Delf 1612, 1626, 1627, 1640, 1709.

[4] Auch Amst. 1618, 1764; eine franz. Übersetzung von H. Hymans erschien 1885 in Paris.

Van Mander die französische Bewegung der Ronsard'schen Schule mitmachte. Dieses erhellt vorzüglich aus den Versen derjenigen, welche in Haarlem und auch anderswo einen Dichterkreis bildeten, von welchem Van Mander der Mittelpunkt, jedenfalls der Grossmeister, war, und welcher ihn auch beehrt hat mit einer ganzen Sammlung *Epitaphien ofte Grafschriften, gemaeckt op het afsterven van Carel van Mander, in sijn leven cloeck Schilder ende Poet* (Leyden 1609).

Am besten kennen wir diesen Kreis aus *Den Nederduytschen Helicon* (Haerlem 1610),[1] einer grossen Sammlung von vielartigen Gedichten, welche anfangs wahrscheinlich von Van Mander selbst, schon vor 1600, zusammengebracht waren, zuerst aber nach seinem Tode druckfertig gemacht von Jacob van der Schuere, geboren in Meenen, französischer Schulmeister in Haarlem und daselbst Mitglied der Kammer *De witte Angieren,* der arithmetische und orthographische Schulbücher herausgab und der nicht nur mit Geschick den Prosateil des *Helicons* verfasste, welcher die poetischen Beiträge zu einem einheitlichen Ganzen machte, sondern auch neunzehn grössere und kleinere Gedichte dafür lieferte: Hochzeits- und Liebesgedichte und Übersetzungen aus dem Französischen, nl. *Cupidos Kerck* (nach *Le temple de Cupidon* von Clément Marot), *Nacht-Minne klacht* (nach *O nuict, jalouse nuict* von Philippe Desportes), und zwei Gedichte: *Kluchtigh versoeck omt Liefs afbeeldinge* (*«Peine moi, Janet»*) und *Wtbeeldinge van Cupido* (*«Qui veut scavoir»*) von Ronsard.

Dass man in dieser Sammlung viele *Brieven* (Epîtres), *Klachten* (Elégies), *Liederen* (Odes), *Bruiloftszangen* (Epithalames) und wohl 34 *Klinckdichten* (Sonnettes) findet, hat bei den Bewunderern der Pleiade nichts Befremdendes. Sechs Sonnette von Petrarca sind (vielleicht nach der französischen Bearbeitung Marot's) übersetzt vom Leidener Dichter Maerten Beheyt, der auch ein «Pleitdicht» zwischen Menelaus und Agamemnon über die Opferung Iphigenia's verfasste. Sein Mitbürger Jacobus Celosse († 6. Febr. 1631), Faktor der Leidener Kammer *De Orangielelie*, der sich durch viele Dichtungen und Spiele auch ausserdem bekannt gemacht hat, lieferte dem *Helicon* zwei *Tafelspelen* und ein *Vreught-cyndigh Spel,* worin gezeigt wird, wieviele Missbräuche in die Kunst der Rhetoriker eingeschlüpft waren, und wie die Kunst betrieben werden sollte: ein ästhetisches Programm, woraus wir den Geist dieses Dichtkreises kennen lernen.

Zu denjenigen, welche Beiträge zum *Helicon* lieferten, gehören ausserdem noch der berühmte Maler Cornelis Ketel (geb. in Gouda 12. März 1548, † in Amsterdam Aug. 1616), Abraham van der Mijle aus Vlissingen (geb. 1558, † 1637), der aus dem Englischen von König Jacobus I. *Den Slagh van Lepanten* (Middelburch bi R. Schilders 1593, auch Amst. 1603) übersetzte, später (1612) ein gelehrtes sprachvergleichendes Werk *Lingua Belgica* herausgab und der zuerst einen Versuch machte, die klassischen Metra in die niederländische Literatur einzuführen, Jan van der Does, Daniel Heinsius, Jasper Bernaerds mit einer ausführlichen *Veltdichtsche Tsaemenspraeck tusschen Konstoeffenaer ende Konstbeminder,* worin u. a. nicht weniger als 116 Dichternamen aus dem 16. Jahrh. genannt werden, Dirck Woutersen, Pieter Vergeelseune, J. de la Rue, A. Schepens, Rietwijck u. s. w., grösstenteils jüngere Dichter, welche um die Wende des 16. und 17. Jahrhs. ihren Eintritt in die Literatur machten.

[1] s. Jan te Winkel, *Tijdschrift* XVIII 241—267.

§ 51. Dirck Volkertsz Coornhert.[1] Keine charakteristischere Figur hat die niederländische Literatur des 16. Jahrhs. aufzuweisen als Dirck Volkertsz Coornhert, geboren in Amsterdam 1522, der, zum Kaufmann erzogen, 1539 eine Reise nach Spanien machte, aber 1542 gegen den Willen seiner Ältern in die Ehe trat mit Neeltje Simonsdochter, Schwester des Kebsweibes von Reinout von Brederode, und deshalb von ihnen verstossen wurde. Da liess er sich in Haarlem nieder als Kupferstecher,[2] widmete sich dem Studium der lateinischen Sprache, der Jurisprudenz und der Theologie und wurde daselbst 1561 Notar, 1562 auch Sekretär der Stadt. Von 1561 bis 1564 hatte er auch in Verbindung mit Jan van Zuren eine Druckerei. Im Jahre 1567 wurde er seiner politischen Bemühungen und ketzerischen Gesinnungen wegen im Haag eingekerkert, widmete sich jedoch im Gefängnis seinen Studien und vorzüglich auch der Dichtkunst und schrieb da u. a., den Scheiterhaufen vor Augen, das Gedicht *Lof van de Ghevanghenisse* und die *Comedie van Lief ende Leedt* (hrsg. 1576 und 1582), der später noch neun biblische und allegorische Schauspiele, in der Weise der Rhetoriker gedichtet, folgten. Eins dieser Schauspiele, *Abrahams Uytgangh* (hrsg. in Rees 1575, Alkmaar 1603, Amst. 1621),[3] verfasste er während seiner Verbannung, 1568, nachdem er aus der Haft entlassen war, auf Grund seiner nur handschriftlich im Brüsseler Reichsarchiv bewahrt gebliebenen Vertheidigungsschrift, in welcher er vorzüglich nachwies, dass er in Haarlem die Bilderstürmerei verhütet hatte. Die Titel seiner übrigen Schauspiele sind: *Comedie van Israël* (verfasst 1575, hrsg. 1590), *Comedie van de Blinde voor Jericho* (Haerlem 1582, Amst. 1603), *Comedie van de rijcke man* (Haerlem 1582), *Tweeling: Van den bruydt Christi en d'Egipsche vroeivrouwen* (Amst. 1582), *TRoerspel van de kettersche werelt, die metten lippen den God des Hemels, maer metter herten tgeldt, des Werelts God, dient ende eert* (Ter Goude 1590) und zwei Schauspiele in Prosa: *Van den thien Maegden* (vollendet 6. Febr. 1576) und *Der Maeghdekens School.*

Bis 1572 wohnte er in Deutschland, zuerst in Cleve, später in Xanten, indem er teils als Kupferstecher thätig war, teils im Auftrag Wilhelms von Oranien allerorten Unterhandlungen anknüpfte. Auf Wilhelms Veranlassung wurde ihm 1572 das Amt eines Griffirs der Staaten von Holland übertragen, in ebendemselben Jahre aber wanderte er nochmals nach Xanten aus, weil er sich den barbarischen Geusenamiral Lumey van der Marck, dessen Grausamkeit er vergebens getadelt hatte, zum unversöhnlichen Feind gemacht hatte. Nicht vor 1577 kehrte er in die Niederlande zurück, wo er in Haarlem wieder Notar wurde.

Seitdem folgten seine theologischen und politischen Streitschriftchen, vorzüglich gegen die harten, herrschsüchtigen Prediger verfasst, eins dem anderen in grosser Anzahl nach. Niemals schloss er sich einer bestimmten Kirchengemeinschaft an und vorzüglich bekämpfte er die Dogmatik Calvins und forderte Freiheit des Gottesdienstes auch für Katholiken. Schon

---

[1] Lit.: Jan ten Brink, *D. V. Coornhert en zijne Wellevenskunst,* Amst. 1860; Carl Lorentzen, *Dierijck Volkertszoon Coornhert, der Vorläufer der Remonstranten. Versuch einer Biographie,* Jena 1886; F. D. J. Moorrees, *D. V. Coornhert de Libertijn, Levens- en Karakterschets,* Schoonhoven 1887. Eine fast vollständige Ausgabe von Coornherts Werken nebst einer Biographie erschien in drei Teilen Folio by Jacob Aertsz Colom, Amsterdam 1630.

[2] Er machte u. a. Kupferstichen nach Gemälden von Marten Heemskerck und namentlich elf der zwölf «Historikens van den Keyser» (d. h. Karl V), 1556 hrsg. von Hieronymus Cock (2. A. 1558). Auch war er der Lehrmeister des berühmten Malers und Kupferstechers Hendrick Goltzius.

[3] Von diesem Schauspiel erschien eine hochdeutsche Übersetzung: *Abrahams Auszgang durch Dittrich Volckhert Cornhertz* (o. J. aber nach 1630), s. Joh. Bolte, *Tijdschrift* XVII 85—87.

30. März 1560 hatte er ein Büchlein abgefasst, *Verschooningh van de Roomsche Afgoderye*, das 1562 von Calvin persönlich bestritten war.[1] Diese Liberalität machte ihn bei vielen verhasst in einer Zeit, da es fast ein Verbrechen war, selbständig ausser und über den Faktionen zu stehen. Er wurde veranlasst, seine Meinungen in öffentlichen Disputationen zu verteidigen [1578 zu Leiden, 1583 im Haag] und als er sich 1588 in Delft niederlassen wollte, wurde ihm auf Antrieb der Geistlichkeit der Aufenthalt in dieser Stadt untersagt. Er fand eine Ruhestätte in Gouda, wo er 29. Oct. 1590 starb, von vielen gehasst, von vielen jedoch geehrt wegen seiner Gelehrsamkeit, seiner Energie und seines männlichen Sinnes.

Sein dichterisches Talent war nicht sehr gross. Von seinem *Lied-boeck*, das 56 Lieder enthielt, ist uns kein einziges Exemplar der ersten Ausgabe bewahrt geblieben. Die zweite, jetzt sehr seltene, Ausgabe von 1575 (Amst. by Hermen Janszoon) enthält, ausser den 56 Liedern der ersten Ausgabe, noch ein «Byvoeghsel» von 47 Liedern. Zwar sind diese Lieder wichtig für die Kenntnis von Coornhert's Leben und Gemütsstimmung, in poetischer Hinsicht aber zeichnen sie sich ebensowenig unter den Dichtungen seiner Zeitgenossen aus, als seine Schauspiele, seine Dichtung *Vant loeye en leckere leven* (Haerlem 1582), nach dem Lateinischen von Pandulphus Collenutius (oder Collenuccio), das Lehrgedicht *Medecijn der Zielen,* der Dialog *Van den Boom des levens: ghesprake tusschen Adaias (testis Domini) ende Achimoth (Frater mortuis),* und *Deerste twaelf boecken Odysseae uten Latijne in rijm verduytscht* (Haerlem by Jan van Zuren, 1561, Neudruck Delft 1593, 1598, 1606, Amst. 1607);[2] doch finden sich kernhafte didaktische Gedichte in seiner aus dem Latein von Bernardus Furmerus übersetzen, mit Kupferstichen geschmückten emblematischen Schrift *Recht Ghebruyck ende Misbruyck van tydlycke Have* [Leyden 1585, Amst. 1610, 1620].

Von seinen Prosaschriften haben die theologischen und politischen Streitschriften bloss einen relativen Wert. Viel höher stehen seine didaktischen Werke, z. B. *De Coopman Aenwysende doprechte conste om christelyck ende met eenen ghelycken moede int winnen ende verliesen Coophandel te drijven* (Haerlem 1580, Norden 1620), und namentlich sein ursprüngliches systematisches Handbuch der Sittenlehre: *Zedekunst dat is Wellevenskunst* [Gouda 1586. Neudruck 1596, 1630], ein Muster klarer, kerngesunder Prosa.

Diesen Stil hatte er sich zu eigen gemacht durch seine Übersetzung von *Vijftich lustighe Historien Joannis Boccatii* [Haerlem by Jan van Zuren, 1564, Antw. 1583, Amst. 1597, 1607 und 1632],[3] von *Officia Ciceronis* [Haerlem by Jan van Zuren, 1561, Leyden 1589, Delf 1604, 1614], *Seneca van der Weldaden* [Haerlem by Jan van Zuren, 1562, auch Amst. 1644], *Herodianus uit het Latijn van Ang. Politianus* [Arnhem 1609] und *Boethius van de Vertroostingh der Wijsheit* (Leyden by Chr. Plantyn 1585, auch Amst. 1616). Diese letzte Übersetzung widmete er 16. März 1585 «aen de Gildebroeders der Rederijcx Kamer tot Amstelredam In Liefd'

---

[1] *Response à un certain Holandois, lequel, sous ombre de faire les Chrestiens tout spirituels, leur permet de polluer leur corps en toutes idolatries. Escrite par M.* Jean Calvin *aux fidèles du pays-bas.* Ghez Jean Crespin, 1562. Theod. Beza veröffentlichte davon eine lateinische Übersetzung.

[2] Coornhert hat auch einen Anfang gemacht mit der Übersetzung der zwölf letzten Bücher, diese aber nicht weiter geführt als bis B. XVIII v. 150. Vollendet von einem Dichter, von dessen Namen nur die Initialen B. D. bekannt sind, wurde diese Übersetzung von Hendrick Barentsz, Amst. 1605 herausgegeben. Eine von J. G. H. verbesserte Ausgabe erschien Amst. 1609.

[3] Diese Übersetzung wurde später vervollständigt von G. H. v. B(reugel) mit *De Tweede 50 Lustige Historien ofte Nieuwicheden Johannis Boccatii* (Amst. 1605 und 1644).

Bloeyende», die ihn als ihren Meister erkannten. Sie hatten eben im Jahre 1584 ein von ihrem Wortführer Henrick Laurensz Spieghel [geb. 1549, † 1612] verfasstes Zwiegespräch: *Twespraack der nederduytsche Letterkunst* herausgegeben, das die erste niederländische Sprachlehre genannt werden darf: eine Schrift, in welcher mit Talent und Überzeugung dargethan wurde, dass die niederländische Sprache sich ebensogut wie die lateinische eignet zur Behandlung von allerlei poetischen und wissenschaftlichen Stoffen, wenn nur vorher die Fremdwörter gebannt wären, welche sie zu einem erbärmlichen Kauderwelsch machten.

Diese Schrift wurde nun von Coornhert mit einer merkwürdigen Vorrede beim Publikum eingeführt, und von dieser Schrift sind die Geschichtsschreiber der niederländischen Literatur gewohnt, eine neue Periode anzufangen. Petrus Scriverius schon deutete auf die Kammer «In Liefd' Bloeyende» hin als auf den klassisch gebildeten Kreis, in welchem die niederländische Dichtkunst eine neue Blüte erlangen würde, und glänzend ist diese Weissagung des Scriverius im 17. Jahrh. erfüllt.

Kolibri 360 GmbH
Ferdinand-Jühlke-Straße 7
99095 Erfurt, Deutschland
produktsicherheit@kolibri360.de